住房和城乡建设部"十四五"规划教材

环境设计与人体工程学

（建筑与规划类专业适用）

陶　然　主编

季　翔　主审

中国建筑工业出版社

图书在版编目（CIP）数据

环境设计与人体工程学：建筑与规划类专业适用 /
陶然主编；季翔主审 .—北京：中国建筑工业出版社，
2021.5

住房和城乡建设部"十四五"规划教材

ISBN 978-7-112-26152-9

Ⅰ.①环…　Ⅱ.①陶…②季…　Ⅲ.①环境设计—人
体工效学—高等职业教育—教材　Ⅳ.① TU-856

中国版本图书馆 CIP 数据核字（2021）第 087356 号

本书根据最新高等职业教育土建类学科专业基本要求编写而成，注重从学生的学习思维模式出发，以应用为目的。

本书共涉八个项目，包括人体工程学认知、人体测量与人体尺寸、人体活动与动作空间、家具设计与人体工程学、家居空间设计与人体工程学、公共空间设计与人体工程学、建筑外部空间环境与人体工程学以及无障碍环境设计。八个项目涵盖了家具、室内、园林景观等多个设计领域。

本书以项目作为载体引入课程内容，教学结构为"项目目标——项目任务——任务引入——知识链接——任务实施"五个步骤。本书严格遵守相关国家标准和行业标准，做到知识点有章可循。

本书可作为高职院校建筑室内设计专业、建筑装饰工程技术专业、建筑设计专业、家具设计与制造专业、园林工程技术专业及其相关专业的教材或参考用书，也可供有关工程技术人员参考。

为更好地支持相应课程的教学，我们向采用本书作为教材的教师提供教学课件，有需要者可与出版社联系，邮箱：jckj@cabp.com.cn，电话：（010）58337285，建工书院 http://edu.cabplink.com（PC 端）。

责任编辑：杨　虹　尤凯曦
责任校对：李美娜

住房和城乡建设部"十四五"规划教材
环境设计与人体工程学
（建筑与规划类专业适用）
陶　然　主编
季　翔　主审
＊
中国建筑工业出版社出版、发行（北京海淀三里河路 9 号）

各地新华书店、建筑书店经销
北京雅盈中佳图文设计公司制版
天津翔远印刷有限公司印刷
＊
开本：787 毫米 × 1092 毫米　1/16　印张：15　字数：318 千字
2021 年 9 月第一版　2021 年 9 月第一次印刷
定价：46.00 元（赠教师课件）
ISBN 978-7-112-26152-9
（36360）

出版说明

党和国家高度重视教材建设。2016年，中办国办印发了《关于加强和改进新形势下大中小学教材建设的意见》，提出要健全国家教材制度。2019年12月，教育部牵头制定了《普通高等学校教材管理办法》和《职业院校教材管理办法》，旨在全面加强党的领导，切实提高教材建设的科学化水平，打造精品教材。住房和城乡建设部历来重视土建类学科专业教材建设，从"九五"开始组织部级规划教材立项工作，经过近30年的不断建设，规划教材提升了住房和城乡建设行业教材质量和认可度，出版了一系列精品教材，有效促进了行业部门引导专业教育，推动了行业高质量发展。

为进一步加强高等教育、职业教育住房和城乡建设领域学科专业教材建设工作，提高住房和城乡建设行业人才培养质量，2020年12月，住房和城乡建设部办公厅印发《关于申报高等教育职业教育住房和城乡建设领域学科专业"十四五"规划教材的通知》（建办人函〔2020〕656号），开展了住房和城乡建设部"十四五"规划教材选题的申报工作。经过专家评审和部人事司审核，512项选题列入住房和城乡建设领域学科专业"十四五"规划教材（简称规划教材）。2021年9月，住房和城乡建设部印发了《高等教育职业教育住房和城乡建设领域学科专业"十四五"规划教材选题的通知》（建人函〔2021〕36号）。为做好"十四五"规划教材的编写、审核、出版等工作，《通知》要求：（1）规划教材的编著者应依据《住房和城乡建设领域学科专业"十四五"规划教材申请书》（简称《申请书》）中的立项目标、申报依据、工作安排及进度，按时编写出高质量的教材；（2）规划教材编著者所在单位应履行《申请书》中的学校保证计划实施的主要条件，支持编著者按计划完成书稿编写工作；（3）高等学校土建类专业课程教材与教学资源专家委员会、全国住房和城乡建设职业教育教学指导委员会、住房和城乡建设部中等职业教育专业指导委员会应做好规划教材的指导、协调和审稿等工作，保证编写质量；（4）规划教材出版单位应积极配合，做好编辑、出版、发行等工作；（5）规划教材封面和书脊应标注"住房和城乡建设部'十四五'规划教材"字样和统一标识；（6）规划教材应在"十四五"期间完成出版，逾期不能完成的，不再作为《住房和城乡建设领域学科专业"十四五"规划教材》。

住房和城乡建设领域学科专业"十四五"规划教材的特点，一是重点以修订教育部、住房和城乡建设部"十二五""十三五"规划教材为主；二是严格按照专业标准规范要求编写，体现新发展理念；三是系列教材具有明显特点，满足不同层次和类型的学校专业教学要求；四是配备了数字资源，适应现代化教学的要求。规划教材的出版凝聚了作者、主审及编辑的心血，得到了有关院校、出版单位的大力支持，教材建设管理过程有严格保障。希望广大院校及各专业师生在选用、使用过程中，对规划教材的编写、出版质量进行反馈，以促进规划教材建设质量不断提高。

住房和城乡建设部"十四五"规划教材办公室

前　言

本书根据最新发布执行的《中国成年人人体尺寸》GB 10000—1988、《大型游乐设施安全规范》GB 8408—2018、《室外健身器材的安全　通用要求》GB 19272—2011、《儿童家具通用技术条件》GB 28007—2011、《家具　床类主要尺寸》GB/T 3328—2016、《家具　桌、椅、凳类主要尺寸》GB/T 3326—2016、《家具　柜类主要尺寸》GB/T 3327—2016、《用于技术设计的人体测量基础项目》GB/T 5703—2010、《中国未成年人人体尺寸》GB/T 26158—2010、《老年人照料设施建筑设计标准》JGJ 450—2018、《无障碍设计规范》GB 50763—2012 等国家标准和行业标准，并结合最新高等职业教育土建类专业教学基本要求编写而成。注重从高职学生的学习思维模式出发，"弱理论、重实践"，以应用为目的。本书由八个项目构成，其中项目一至项目三，主要叙述人体工程学概念、研究内容和方法、人体测量与人体尺寸、人体活动与动作空间等；项目四至项目六，通过前期人体基本理论的学习展开对家具及室内空间的分析与设计；项目七，为建筑外部空间环境与人体工程学部分，并对室外公共设施、居住外部空间、校园环境等进行分析；项目八，针对特殊群体，如儿童、老年人、残障者无障碍设计展开分析。

本书具有以下特色：

1. 在内容上严格控制，最大化降低难度，可以满足各阶段初学者的使用。

2. 涵盖了多个专业领域，融合教学特色。

3. 采用五步教学结构："项目目标——项目任务——任务引入——知识链接——任务实施"。

4. 为了提高学习者的学习兴趣，本书增加了很多趣味插图，帮助知识点记忆。

5. 书中部分引用真实案例，并在项目（任务）实施环节，模拟实际工作过程，将理论知识与实际应用完美对接。

6. 涵盖多类型国标数据，可作为综合性参考书使用。

本书由陶然主编，裴斐、米庆雪副主编。编写分工为：黑龙江建筑职业技术学院陶然（项目五，项目六，项目七）；黑龙江建筑职业技术学院裴斐（项目三，项目四，项目八）；黑龙江建筑职业技术学院米庆雪（项目一、项目二），全书由陶然统稿，江苏建筑职业技术学院季翔主审。

本书在编写过程中得到了黑龙江建筑职业技术学院李宏教授的大力支持与帮助，谨此深表感谢。

由于编者水平有限，本书难免有疏漏之处，敬请读者批评、指正。

目　录

1

项目一　人体工程学认知

■ 项目目标

无论是建筑的内部空间还是外部空间，无论是空间中的任何可移动或不可移动的部分，无论是生活用品还是工作用的机械设备，都与人的活动息息相关。走在家具卖场中，你会惊奇地发现，双人床的尺寸几乎差不多，这些尺寸是如何而来呢？是设计师们信手拈来，还是另有原因呢？看似不经意的、却人性化的设计背后，其实蕴藏着很多科学依据。

■ 项目任务

表 1–1

项目任务	关键词	学时
任务 1.1 人体工程学概念	命名、内涵、人、机、环境、系统、效能、健康、产生与发展	0.5
任务 1.2 人体工程学研究内容	人、机、环境	1.0
任务 1.3 人体工程学研究方法	实测法、模拟实验法、系统分析法、资料研究法、调查分析法	0.5

任务 1.1　人体工程学概念

■　任务引入

什么是人体工程学？它适用于哪些设计领域？我们为什么必须要掌握人体工程学？它能为我们的生活、学习、工作带来哪些影响？人体工程学只是研究人的科学吗？……

带着上述问题开启《环境设计与人体工程学》的第一个任务——人体工程学概念的学习。通过概念的讲述，了解人体工程学的命名、内涵、产生与发展。

■　知识链接

1.1.1　人体工程学的命名

人体工程学因所涉专业领域较多、综合性强、应用范围广等特点，造成学科命名多样化、学科定义不统一等情况。人体工程学在发展的历程中有众多的名称，如"人机工程学""人类工程学""人类因素工程学""工效学"等。美国研究学者将其称为"应用实验心理学""工程心理学"；欧洲则用"生物力学""生命科学工程""人体状态学"；日本则叫它"人间工学"。

为了便于各国语言翻译上的统一，又能全面地反映学科本质，国际标准化组织正式采纳"Ergonomics"一词作为学科名称。"Ergonomics"来源于希腊文，在我国被译为"人体工程学"。

1.1.2　人体工程学的内涵

人体工程学是研究系统中人、机、环境三大要素之间的关系及相互作用的学科，以致力于解决系统中人的效能和人的健康，从而提高人在生活、学习、工作中的安全性、舒适度和效率。

以下将对上述要素及相关内容进行说明。

1. 人

"人"指作业者或使用者，同时包括了人的心理特征、生理特征以及人适应机器和环境的能力。

2. 机

"机"指机器，它包括人操作和使用的一切产品和工程系统。如室内外家具、工作使用设备等。

3. 环境

"环境"指人们生活、工作、学习的环境，光照、气温、植被、噪声、色彩等环境因素对人的生活产生的影响。

4. 系统

人体工程学不是孤立地研究人、机和环境，而是将它们看成是一个相互作用、相互依存的系统。"系统"是由若干组成部分结合，并具有特定功能的有机整体，而这个"系统"本身也是另一个更大"系统"中的一部分。人体工程学不仅要从系统的高度研究人、机、环境三个要素之间的关系，还要从系统的高度研究各个要素。

5. 人的效能

"人的效能"指人的作业技能，即人按照一定要求完成某项作业时所表现出的效率和成绩。如工人的作业效能由工作效率和产量来测量；学生的作业效能由学习效率和知识掌握情况来测量。一个人的效能决定于工作性质、人的能力、工具和工作方法，决定于人、机、环境三要素之间的相互作用。

6. 人的健康

"人的健康"是人体工程学研究的重点之一。它包括身心健康和安全。身心健康是指健康的身体和健康的心理，其中健康的身体可以通过多种途径得到实现或改善，如健康的作息时间、健康的饮食、适当的锻炼、日常保健等。而心理健康也将成为身体健康的主要因素，并且影响作业效能。如噪声不但对人们的听觉带来损伤，同时也将造成心理干扰，引起人的应激反应。"人的健康"中的安全因素也十分重要，我们常常会对需要做出危险动作的朋友说一句"注意安全"，在生活环境的方方面面如果设计得当，很多安全隐患是可以化解的。

通过对上述概念的梳理，就能更好地理解人体工程学的内涵。人体工程学是一门技术科学。技术科学是介于基础科学和工程技术之间的一大类科学。与人体工程学相关的基础科学包括：心理学、生理学、解剖学、系统工程等。在工程技术方面，人体工程学广泛运用于军事、工业、农业、交通运输、建筑、企业管理、安全管理、航天、环境设计、产品设计等多领域。本书讲述的重点是环境设计中所涉及的人体工程学相关内容。

1.1.3 人体工程学的产生与发展

人体工程学正式建立的时间是第二次世界大战期间，但是人体工程学所涉及的理念从人类诞生之日起就已经出现了，并随着社会的发展、技术的进步、人类生活需求的上升而不断地发展着。

1. 原始的人机关系

约 500000 年前，直立人（现代人类的直系祖先）的生活中已普遍使用原始的石器作为工具。最初的石器是手斧，是人手将砾石相互敲打而成的砍砸器。手斧，呈杏核状，长约 6～8 英寸（约15～20cm），圆的一端是把柄，适合人手握，尖的一端磨成锋刃，便于砍砸和切割，如图 1-1 所示。

图 1-1
原始石器工具

旧石器时代的晚期（约50000至15000年前）出现了较复杂的石制工具和武器。如用于远距离超越人手和手持武器直接可攻击野兽和敌人的武器——投矛器和投石器。其中，投石器一直沿用了上万年。

约15000年前，旧石器时代开始向新石器时代过渡。这种变化促进了生产工具的变革。新石器时代的代表性工具之一是磨制石器。在土耳其的Catal Huyuk发现9000年前的石镜，边缘包裹着某种软材料来保护使用者的手。新石器时代另一个标志性的生产工具是弓箭。弓的张力是按照当时的猎人或战士力量设计的，弓的长度有一人高，箭的长度通常根据弓的最大幅度设计和制作。通过新石器时代工具介绍发现，当时在工具的设计上已经开始注重适合人手的形态和生理条件，并开始注重安全细节。

石器时代人类的住所或是山洞——穴居，或是树上的窝棚——巢居。人类依靠这些天然、半人工或人工的环境来遮风避雨、防止野兽的侵袭，满足自身最基本的安全需求。文明从一开始就这样在人与物、人与环境互相适应的过程中不断进步着。

2. 古代的人机关系

约7000到5000年前，人类社会开始步入文明时代。出现文字、社会等级和制度，并且生产和生活工具也有了质的飞跃。

在先秦时期，《周礼·冬官·考工记》是中国春秋战国时期记述官营手工业各工种规范和制造工艺的文献。其中对车的设计与制造有了这样的记载："轮已崇，则人不能登也。轮已庳，则于马终古登阤也。故兵车之轮六尺有六寸，田车之轮六尺有三寸，乘车之轮六尺有六寸。六尺有六寸之轮，轵崇三尺有三寸也，加轸与轐焉，四尺也。人长八尺，登下以为节。"这段文字描述了马车制造中车轮的尺寸与人、与马的适应性。总结了不同用途的车，其轮子合适的尺寸，还分析了各构件尺度及其装配后与人身高的关系。

《周礼·冬官·考工记》中还有关于兵器的设计与制造的记载："凡兵无过三其身。过三其身，弗能用也。而无已，又以害人。故攻国之兵欲短，守国之兵欲长。攻国之人众，行地远，食饮饥，且涉山林之阻，是故兵欲短。守国之人寡，食饮饱，行地不远，且不涉山谓林之阻，是故兵欲长。"这段文字不仅对兵器与人的尺度关系做了清晰的论断，而且总结了在不同情况下，不同尺度兵器的适用性。

3. 近代的人机关系

18世纪下半叶，在英国发生了工业革命。数千年未曾大变的劳动工具发生了革命性的变化，从人手操纵工具或简单机械直接制造产品，变成了人手操纵复杂机械并由机械完成产品的制造。劳动的复杂程度和劳动总量大幅提升。人们开始以当时的手段研究工具的改良和劳动条件的优化，研究人机结合的最佳状态，以最大限度地提高生产效率。

但在复杂物件的生产领域，生产效率的概念并未受到足够的重视。直到1913年，亨利·福特设计出长达上英里的装配流水线来生产他的"T型"小汽车时（图1-2），人们的观念才有所改变。生产效率提高的结果是商机的拓展和人民生活水平的提高。"T型"小汽车在1908年生产了6400辆，价格是每辆850美元；1917年，"T型"小汽车产量达到了75万辆，价格是每辆350美元；1923年，福特生产了200万辆小汽车，单价降到了300美元；1931年，产量达到了2000万辆。社会上更多人能消费得起小汽车，但福特厂里员工人数未见显著增长。

机械化导致工厂机构的改革，生产经理的任务是使工人适应于机器的工作模式。工作环境设计的着眼点是利于生产速度的提高，而不是工人们的福利。工人们在他们的最终产品中看不到自己的贡献，因而对每天重复的工作日益麻木。工人的麻木对生产的影响引发了另一项科学研究，即工业心理学研究。

从工业革命到20世纪上半叶的人机关系的中心是机器，这种关系片面强调人去适应机器，曾导致大量工人在工作场所身心俱损的现象，卓别林在《摩登时代》中对此类人在大机器生产条件下异化的现象有过极其辛辣的讽刺，如图1-3所示。20世纪上半叶，人机关系的研究被称为经验人机工程学，其研究重点是各类职业的要求、人员的测试和选拔、人力的培训和工作安排、工作的组织管理、人的工作动机以及劳资合作等方面的问题。在设计领域，也是机器的因素考虑在先，操作员的因素排在最后。例如，早期飞机只是为某一体型的人而设计，当发现这类体型的人并不太好找时，才渐渐有了现代人体工程学的观念。第二次世界大战推动了这种观念最终发展为一门独立的学科。

视频1
人体工程学内涵

4. 现代的人机关系

人体工程学作为一门独立的学科，其基础性的发展是在第二次世界大战期间。新式武器装备的设计制造空前复杂，却忽视了人的因素，即使用者的心理、生理特征以及能力限度，导致不断有事故发生。美国在"二战"期间的飞行事故，90%是人为因素造成的。人们在事故中逐渐认识到，只有当武器装备符合使用者的心理、生理特征和能力限度时才能发挥其应有的效能，并避免事故发生。于是，机器决定战争的概念让位给有效的人机关系，人机关系开始从人适应于机器转入使机器适应于人的阶段。

图1-2（左）
福特"T型"车
图1-3（右）
《摩登时代》剧照

20世纪60年代，人体工程学在世界范围内普遍发展起来。1961年，在斯德哥尔摩举行了第一次国际人体工程学会议。1975年，国际人体工程学标准化技术委员会成立，发布《工作系统设计的人类工效学原则》标准，是人机系统设计的指导性文件。

英国是开展人体工程学研究最早的国家。1949年，英国已有一个人体工程学研究小组。20世纪50年代，成立了人体工程学研究会。

美国是人体工程学最发达的国家。它的人体工程学协会成立于1957年，其人体工程学的应用领域主要是国防工业。

苏联的人体工程学研究偏重于心理学方面，1962年成立全苏联技术美学研究所，下设人体工程学学部。

日本在20世纪60年代大力引进其他国家的理论和经验，发展起了"人间工学"体系，1963年成立了人间工学会。

中国在20世纪30年代已经有一些心理学领域的学者在工厂开展工作环境、职工选择、工件管理、工作疲劳等问题的研究，这类研究当时称作劳动心理学、工业心理学。20世纪50年代，这类研究仅限于事故分析、职工培训、操作合理化、技术革新等方面。20世纪60年代，中国自行设计和制造工业设备与武器装备，带动了以研究人机关系为中心的工程心理学的建立和发展。20世纪80年代，开始正式有了人体工程学的研究。1980年，封根泉编著的《人体工程学》出版，这是中国第一本关于人体工程学的专著。1980年4月，中国国家标准总局成立中国人类工效学标准化技术委员会，并与国际人体工程标准化技术委员会（CIEA）建立了联系。1984年，中国国防科工委成立"军用人机环境系统工程标准化技术委员会"。1989年，"中国人类工效学学会"成立。1991年1月成为国际人类工效学协会的正式成员。

■ **任务实施**

1. 谈谈你理解的人体工程学是什么？
2. 人体工程学各要素的内涵是什么？
3. 环境设计与人体工程学的关系是什么？

任务1.2 人体工程学研究内容

■ **任务引入**

人体工程学的研究领域涉及人类生活的方方面面。对于如此错综复杂的研究范围，初学者该如何入手呢？

本节将结合环境设计领域相关知识梳理人体工程学研究内容。

■ **知识链接**

人体工程学的三要素包括人、机和环境。

1.2.1　人的研究

"人"指工作系统中的人。人的心理、生理特征以及能力限度将是人体工程学的研究基础。"人"可分为自然人和社会人两种属性。对于自然人的研究主要从人体形态特征、人的感知特征、人的反映特征等方面。对于社会人的研究主要从人的社会行为、价值观、人文环境等方面。具体研究内容如下：

1. 人体尺寸；
2. 信息的感受和处理能力；
3. 运动的能力；
4. 学习的能力；
5. 生理及心理需求；
6. 对物理环境的感受性；
7. 对社会环境的感受性；
8. 知觉与感觉的能力；
9. 个体差异性；
10. 环境对人体能的影响；
11. 人的长期、短期能力的限度及快适点；
12. 人的反射及反映形态；
13. 人的习惯与差异（民族、文化、性别等）；
14. 错误形成的研究。

1.2.2　机的研究

"机"指工作系统中机械设备如何适应人的使用。由于不同行业所涉及的对象和因素不同，因此关于"机"的研究范围较广。主要分为以下几类：

1. 显示器：显示器是指通过一定的媒介与方式，显示或传达信息的器物，包括各类仪表、信号、显示屏。
2. 操纵器：各类人类使用的工具的操纵部分，用于控制机器或工具，包括各种通过手足操纵的杆、钮、盘、轮、踏板等。
3. 机具：包括家具、手动工具等。

1.2.3　环境的研究

关于环境的研究主要包括环境监测、环境控制、解决如何使环境适应于人的使用。

1. 普通环境：建筑与室内外空间环境的规划、照明、温度、湿度控制等。
2. 特殊环境：比如冶金、化工、采矿、航空、宇航和极地探险等行业，有时会遇到极特殊的环境，如高温、高压、振动、噪声、辐射和污染等。

■　**任务实施**

1. 人体工程学研究的内容有哪些？

2. 举例说明，生活中你认为不符合人体工程学的失败设计。

3. 如果需要设计一把休闲椅，应注意哪些人体工程学相关要素？

任务 1.3　人体工程学研究方法

■ **任务引入**

人体工程学因所涉专业领域较多、综合性强、应用范围广等特点，对它的研究是一件非常困难的事。那么如何才能顺利地进入人体工程学的学习和研究中呢？

本节将总结归纳人体工程学的几种研究方法，帮助学习者找到研究方向。

■ **知识链接**

1.3.1　人体工程学的研究方法

人体工程学在发展过程中借鉴了人体科学、生物科学和心理科学等相关科学的研究方法。目前在人体工程学中采用的方法有实测法、模拟实验法、系统分析法、资料研究法、调查分析法等。

1. **实测法**

实测法是基础数据获得的重要手段，其中最重要的研究部分就是人体测量。为了便于进行科学的定性定量分析，需要首先获得有关人体生理特征和心理特征的数据。这些数据的获得需要对人体进行测量。测量的内容包括：形态测量（人体各部分长度尺寸、体型、体积、体表面积等）、运动测量（运动范围、动作过程、形体变化、皮肤变化等）、生理测量（疲劳测定、触觉测定、出力范围大小测定等）。

2. **模拟实验法**

模拟实验也叫仿真实验，是运用各种技术和装置，模拟最终产品或现实环境，例如利用 VR（虚拟现实）、AR（增强现实）技术模拟真实场景，体验产品或虚拟仿真环境带来的体验感觉。

3. **系统分析法**

系统分析法是最能体现人体工程学基本理论（即将人、机、环境系统作为一个整体来考察）的研究方法。经常用于作业环境、作业方法、作业组织、作业复合、信息输入及输出等方面的研究。

4. **资料研究法**

资料研究是最基本的、最具普遍性的研究方法，无论从事哪方面的人体工程学研究都将采用这一方法。通过搜集和研读各类文献资料，结合自身研究领域，找到研究的方向和突破口。

5. **调查分析法**

调查分析适用于经验性问题，也适用于心理测量的统计。具体的方法有口头询问、问卷调查、跟踪观察等。如对家庭空间进行设计时，需要事先了解房屋原始结构、格局、人员使用要求、功能分区、风格等，然后再根据所了解的内容开展设计。

1.3.2　人体工程学研究应遵循的原则

1. 物理的原则

如杠杆、惯性定律、重心原理，在人体工程学中也适用。但在处理问题时应以人为主来进行，而在机械效率上要遵从物理原则，两者之间的调和法则是要保持人道而又不违反自然规律。

2. 生理、心理兼顾的原则

人体工程学必须了解人的结构，除了生理，还要了解心理因素，人是具有心理活动的，人的心理在时间和空间上是自由和开放的，它会受到人的经历和社会传统、文化的影响。人的活动无论在何时何地都可受到这些因素的影响。因此，人体工程学也必须对影响心理的因素进行研究。

3. 环境的因素

人机关系不会独立存在，应依存于具体的环境中。对人、机、环境单独研究后，再合并，不是人体工程学研究的初衷。它们存在于彼此的关系里，不可分开讨论。

■　**任务实施**

1. 人体工程学的常见研究方法有哪些？
2. 在进行人体工程学研究时需要遵循的原则有哪些？为什么？

2

项目二　人体测量与人体尺寸

■ **项目目标**

人体测量数据是现代工业化生产中一切产品的设计基础，脱离人的设计一定是失败的作品。"以人为本""服务于人""人性化设计""人文关怀"……这些与人相关的词语，同样与设计相连。人分"表里"，设计不但要注意人的外表也要关注人的心理，真正做到表里如一。项目二将展开对人"表"相的研究，从人体测量与人体尺寸入手，完成人体测量、人体结构尺寸、功能尺寸的探究。

■ **项目任务**

表 2—1

项目任务	关键词	学时
任务 2.1 人体测量	人体测量、形态测量、运动测量、测量条件、测量工具、均值、标准差、百分位等	2
任务 2.2 人体尺寸	人体结构尺寸、人体功能尺寸等	2

任务 2.1　人体测量

■ **任务引入**

　　你有多高？有多重？腰围多少……这些生活中常常会使用的人体尺寸，关乎我们的身形特征、穿衣尺码、座位高度等。对于满足大多数人使用要求的批量化的产品设计者是如何获取相关尺寸数据的呢？

　　本节将展开人体测量学的学习。

■ **知识链接**

　　人的健康和舒适度很大程度上取决于居住环境、工作场所、衣着打扮、交通工具、娱乐活动等各类因素，为了优化生活中的方方面面，需量化人体尺寸和体型。

2.1.1　人体测量的概念

　　人体测量是通过测量各个部分的尺寸来确定个人之间和群体之间在尺寸上的差别。人们对人体尺寸的兴趣可以追溯到两千年前。公元前 1 世纪，罗马建筑师维特鲁威就从建筑学的角度对人体尺寸进行了论述。他指出手指、手掌、足、肘部等各部尺寸是建筑设计所必需的，并且发现人体基本上以肚脐为中心，一个男人梃直身体，两手侧向平伸的长度恰好就是其高度，双足和双手指尖正好在以肚脐为中心的圆周上。文艺复兴时期的达·芬奇根据维特鲁威的描述创作了著名的《维特鲁威人》，这幅作品充分展示了人体的比例，如图 2-1 所示。

　　多数对人体尺寸的研究是从美学角度去考虑人体比例关系（图 2-2），并没有过多地考虑人体尺寸对生活和工作的影响。直到工业化社会的发展，人们迫切地通过人体测量的知识及其数据，适应工业发展的需要。为此，人们对于

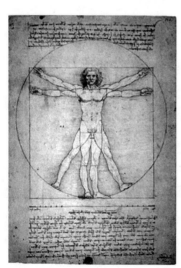

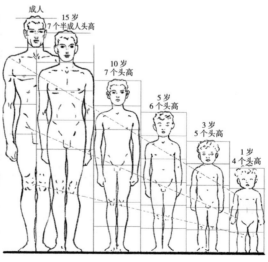

图 2-1（左）
维特鲁威人
图 2-2（右）
人的身高与头长的关系
（单位：英寸）

人体尺寸测量开始有了新的认识，并且第二次世界大战期间在军事工业上得到了很好的应用。

人体测量方面的研究在发达国家开展较早。1919年，美国就对十万退役军人进行了包括多项人体尺寸的测量工作。美国卫生、教育和福利部门还在市民中进行全国范围的测量，包括18～79岁不同年龄、不同职业的人。

我国由于幅员辽阔、人口众多，人体尺寸随着年龄、性别、地区的不同而各不相同。同时，随着时代的发展、生活水平的提高，人体尺寸也在发生着变化。在1987年我国第一次大规模测量了中国人的人体尺寸。其中，中国成年男子的身高90%处于1580～1770mm之间，成年女子的身高多在1480～1660mm之间。1988年发布了《中国成年人人体尺寸》GB 10000—1988、1991年发布了《在产品设计中应用人体尺寸百分位的通则》GB/T 12985—1991、1992年发布了《工作空间人体尺寸》GB/T 13547—1992等相关国家标准，是目前我国现行的标准，对当今的人体尺寸数据没有做更新。

2.1.2 人体测量的内容

人体测量的目的是为了获得人体生理和心理特征数据，便于为研究者、设计者提供相关尺寸依据，从而制造出更人性化的产品。

人体测量顾名思义以"人"为研究主题，其主要包括形态测量、运动测量和生理测量。

1. 形态测量

形态测量是测量长度尺寸、体型、体积、体表面积等。

2. 运动测量

运动测量测定关节的活动范围和肢体的活动空间，如动作范围、动作过程、形态变化、皮肤变化等。

3. 生理测量

生理测量测定生理现象，如疲劳测定、触觉测定、出力范围大小测定等。

人体测量数据被应用到各个领域，从而改善环境、设备、产品的适用性。如室内设计中关注人体尺寸、人体活动空间、出力范围、重心等；机具操纵涉及人的出力、肢体活动范围、反应速度和准确度等。

2.1.3 人体测量的条件和工具

在国家标准《用于技术设计的人体测量基础项目》GB/T 5703—2010中对测量条件和工具进行了说明。

1. 测量条件

(1) 被测者的衣着

测量时，被测者应裸体或是穿着尽量少的内衣，以免衣物的尺寸干扰最终测量结果。在对头、足或身高等部分进行测量时，应注意不能戴帽和穿鞋。

（2）支撑面

被测者所在的站立面、平台或坐面应该平坦、稳固、水平且不变形、不可压缩。

（3）身体对称

对于可以在身体任何一侧进行的测量项目，如臂长、腿长等，应最好在身体两侧都进行测量，即分别测量两只手臂、两条腿的长度。如果做不到这一点，应注明此测量项目所在那一侧。

2. 测量工具

常见的测量工具包括人体测高仪、直角规和弯角规、体重计、软尺、测量块、握棒等。

（1）人体测高仪

用于测量身体各测点与标准参照面（如地面或坐面）之间直线距离的专用工具。

（2）直角规和弯角规

用于测量人体各部位的宽度、厚度以及参照点之间距离的工具。

（3）体重计

用于测量人体体重的工具。

（4）软尺

用于测量身体围长或弧长的工具。

（5）测量块

边长为200mm的立方体测量块，用于确定一个人坐姿时臀部的最后突出点。

（6）握棒

直径为20mm的棒，用于抓握项目的测量。

另外，测量还应该在被测者正常呼吸状态下进行，其次序为从头到脚、从前到后。测量时只需要轻触测点，不要压紧皮肤，以免影响测量准确性。

2.1.4　人体测量知识运用

1. 人体测量数据的统计分析

中国人口众多，不可能对每个人都进行科学的人体测量。因此，被测者只是一个特定群体中较少量的个体，其测量值是随机的变量。为了获得所需要的群体尺寸，就必须通过测量个体所得到的测量值进行统计处理，以便反映群体特征。

常用的人体测量数据统计处理主要参数有以下几个：

（1）均值

表示样本的测量数据集中地趋向某一个值，可以用来衡量一定条件下的测量水平和概括地表现测量数据的集中情况。

（2）样本方差

描述测量数据在中心位置（均值）上下波动程度差异的值。

（3）标准差

采用标准差来说明测量值对均值的波动情况。

（4）抽样误差

又称标准误差，即全部样本均值的标准差。抽样误差数值越大，表明样本均值与总体均值的差别越大，反之，说明其差别小，即均值的可靠性高。

（5）百分位

任意一组特定对象的人体尺寸，其分布规律符合正态分布规律，即大部分属于中间值，只有一少部分属于过大和过小的值，它们分布在范围的两端。

2. 百分位的运用

百分位标识具有某一人体尺寸和小于该尺寸的人占统计对象总人数的百分比。

把研究对象分为 100 份，根据一些指定的人体尺寸项目，从最小到最大顺序排列，进行分段，每一段的截止点即为一个百分位。

以身高为例，第 5 百分位的尺寸表示有 5% 的人身高等于或小于这个尺寸，换句话说有 95% 的人身高大于这个尺寸，如图 2-3 所示。第 5 百分位代表身材较小者。

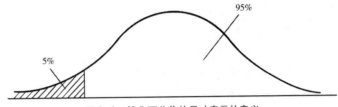

图 2-3　第 5 百分位的尺寸表示的意义

第 95 百分位的尺寸则表示有 95% 的人身高等于或小于这个尺寸，即有 5% 的人高于此值。也就是第 95 百分位代表身材高大者。

第 50 百分位为中点，表示把一组数平均分成两组，较大的 50% 和较小的 50%。

通过上述分析，发现人体尺寸分布于一定的范围内，并且把范围分成了 100 等份，那么这么分配又有什么用呢？下面通过两个示例进行说明。

某国家男性的身高约在 1600 ～ 1900mm 范围内（图 2-4），如果需要根据身高尺寸设计一张单人床，按照常规的思考方式应取人身高的中间值，即第 50 百分位，也就是参照身高 1742mm 进行设计。那么，身高低于 1742mm 的 50% 的人使用起来应该没有问题，但是对于身高高于

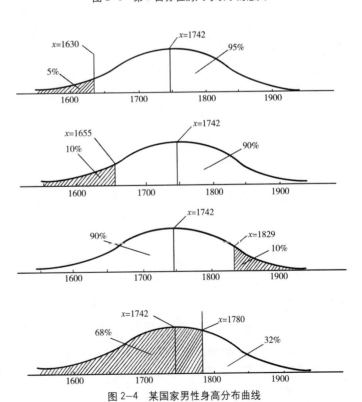

图 2-4　某国家男性身高分布曲线

1742mm 的 50％ 的人来说显然床太短了。因此，针对床的设计，第 50 百分位的取值是不对的，应该按照第 95 百分位（也就是身高较高者）作为参考依据进行床长度的设计。另外，需要注意的是第 50 百分位的数值可以说接近平均值，但绝对不能理解为有"平均人"这样的尺寸。

再举一例，电梯开关的设计，采用亚洲人身高作为参考值，如果这次吸取了上次床设计的经验教训，采用了第 95 百分位。那么，身高低于第 95 百分位，也就是 1885mm 以下的 95％ 的人将会感到开关按钮设置过高甚至触碰不到开关。

因此，在设计上满足所有人的要求是不可能的，但必须满足大多数人。人体测量的每一个百分位数值，只表示某项人体尺寸，如身高第 50 百分位只表示身高，并不表示身体的其他部分。绝对没有一个人在各项人体尺寸的数值上都处在同一百分位上。如图 2-5 所示，这个人有第 50 百分位的身高，第 55 百分位的侧向手握距离和第 40 百分位的膝盖高度。如图 2-6 所示，表示三个人的实际尺寸，从图中的折线可以看出，一个人的身体各部位尺寸不同属于同一个百分位，否则将是一条水平线。

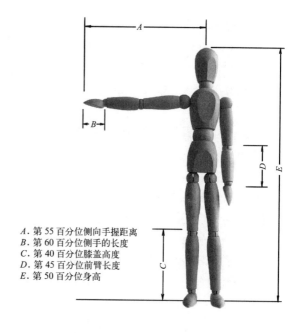

A. 第 55 百分位侧向手握距离
B. 第 60 百分位侧手的长度
C. 第 40 百分位膝盖高度
D. 第 45 百分位前臂长度
E. 第 50 百分位身高

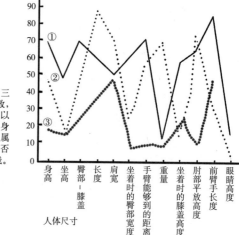

图中三条线表示三个人的实际尺寸数，从图中的折线可以看出，一个人的身体各部分尺寸不属于同一百分位，否则将是一条水平线。

图中横轴人体尺寸：身高、坐高、臀部-膝盖、长度、肩宽、坐着时的臀部宽度、手臂能够到的距离、重量、坐着时的膝盖高度、肘部平放高度、前臂手长度、眼睛高度

人体尺寸

■ 任务实施

展开全班同学身高、体重的测量工作。统计身高、体重数值区间范围，并绘制身高体重分布曲线。

图 2-5（上）
人体各部位不属于同一百分位
图 2-6（下）
三个人身体尺寸折线

任务 2.2　人体尺寸

■ 任务引入

通过人体测量得到人体尺寸数据，这些数据将成为各种家具设计、室内外空间设计、设施、机械设备等设计的重要基本资料。

本节通过任务 2.1 中所涉及的人体测量概念，结合国家相关标准，展开人体尺寸的学习与研究。

2.2.1 人体尺寸分类

人体尺寸可分为结构尺寸和功能尺寸。

1. 人体结构尺寸

人体结构尺寸是指静态的人体尺寸，它是人体处在固定标准状态下测量的，又称人体静态尺寸。其测量时所采用的立姿、坐姿、跪姿、卧姿等，被称为静态姿势。人体结构尺寸对与人体关系密切的物体有较大作用，如家具、服装等设计。在环境设计中应用最多的人体结构尺寸有身高、眼高、肘高、坐高、坐深、坐姿臀宽、坐姿膝高等。

(1) 我国成年人人体尺寸

我国 1988 年 12 月 10 日发布了国家标准《中国成年人人体尺寸》GB 10000—1988（以下简称"国标"），国标于 1989 年 7 月开始实施，目前仍处在现行阶段。它根据工效学要求提供了我国成年人人体尺寸的基础数值，适用于工业产品、建筑设计、室内设计、军事工业以及工业的技术改造、设备更新及劳动安全保护。标准中所列数据代表了从事工业生产的法定中国成年人（男性 18 ~ 60 岁，女性 18 ~ 55 岁）。

以下将对国标中与环境设计相关的测量项目及尺寸进行整理，可供设计时查阅、使用。

1) 人体主要尺寸

国标中人体主要尺寸测量项目包括：身高、体重、上臂长、前臂长、大腿长、小腿长六项人体尺寸数据，并按照男性与女性百分位进行整理划分，见表 2-2，六项人体部位如图 2-7 所示。

2) 立姿人体尺寸

站立时的姿势，要求头端、肩平、胸梃、腹收、身正、腿直、手垂。

国标中立姿人体尺寸测量项目主要包括：眼高、肩高、肘高、手功能高、会阴高、胫骨点高六项尺寸数据，并按照男性与女性百分位进行整理划分，见

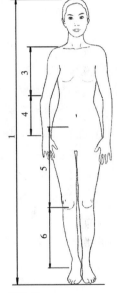

图 2-7
人体主要尺寸

人体主要尺寸（单位：mm） 表 2-2

测量项目	男（18 ~ 60 岁）							女（18 ~ 55 岁）						
	百分位及尺寸							百分位及尺寸						
	1	5	10	50	90	95	99	1	5	10	50	90	95	99
1. 身高	1543	1583	1604	1678	1754	1775	1814	1449	1484	1503	1570	1640	1659	1697
2. 体重（kg）	44	48	50	59	71	75	83	39	42	44	52	63	66	74
3. 上臂长	279	289	294	313	333	338	349	252	262	267	284	303	308	319
4. 前臂长	206	216	220	237	253	258	268	185	193	198	213	229	234	242
5. 大腿长	413	428	436	465	496	505	523	387	402	410	438	467	476	494
6. 小腿长	324	338	344	369	396	403	419	300	313	319	344	370	376	390

立姿人体尺寸（单位：mm） 表2-3

测量项目	男（18～60岁）							女（18～55岁）						
	百分位及尺寸							百分位及尺寸						
	1	5	10	50	90	95	99	1	5	10	50	90	95	99
1. 眼高	1436	1474	1495	1568	1643	1664	1705	1337	1371	1388	1454	1522	1541	1579
2. 肩高	1244	1281	1299	1367	1435	1455	1494	1166	1195	1211	1271	1333	1350	1385
3. 肘高	925	954	968	1024	1079	1096	1128	873	899	913	960	1009	1023	1050
4. 手功能高	656	680	693	741	787	801	828	630	650	662	704	746	757	778
5. 会阴高	701	728	741	790	840	856	887	648	673	686	732	779	792	819
6. 胫骨点高	394	409	417	444	472	481	498	363	377	384	410	437	444	459

表2-3，六项人体部位如图2-8所示。

3）坐姿人体尺寸

坐姿，人体坐着时的姿态。被测者梃胸坐在被调节到腓骨头高度的平面上，头部以眼耳平面定位，眼睛平视前方，左、右大腿大致平行，膝弯曲大致成直角，足平放在地面上，手轻放在大腿上。

国标中坐姿人体尺寸测量项目主要包括：坐高、坐姿颈椎点高、坐姿眼高、坐姿肩高、坐姿肘高、坐姿大腿厚、坐姿膝高、小腿加足高、坐深、臀膝距、坐姿下肢长十一项尺寸数据，并按照男性与女性百分位进行整理划分，见表2-4，十一项人体部位如图2-9所示。

4）人体水平尺寸

国标中人体水平尺寸测量项目主要包括：胸宽、胸厚、肩宽、最大肩宽、臀宽、坐姿臀宽、坐姿两肘间宽、胸围、腰围、臀围十项尺寸数据，并按照男性与女性百分位进行整理划分，见表2-5，十项人体部位如图2-10所示。

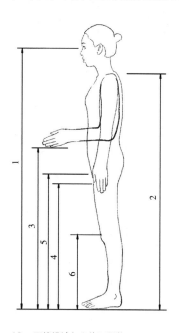
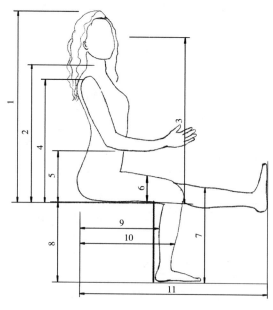

图2-8（左）
立姿人体尺寸
图2-9（右）
坐姿人体尺寸

坐姿人体尺寸（单位：mm）　　　　　　　　　　　　　　　　　　　　　　　　　　表2—4

测量项目	男（18～60岁）							女（18～55岁）						
	百分位及尺寸							百分位及尺寸						
	1	5	10	50	90	95	99	1	5	10	50	90	95	99
1.坐高	836	858	870	908	947	958	979	789	809	819	855	891	901	920
2.坐姿颈椎点高	599	615	624	657	691	701	719	563	579	587	617	648	657	675
3.坐姿眼高	729	749	761	798	836	847	868	678	695	704	739	773	783	803
4.坐姿肩高	539	557	566	598	631	641	659	504	518	526	556	585	594	609
5.坐姿肘高	214	228	235	263	291	298	312	201	215	223	251	277	284	299
6.坐姿大腿厚	103	112	116	130	146	151	160	107	113	117	130	146	151	160
7.坐姿膝高	441	456	464	493	523	532	549	410	424	431	458	485	493	507
8.小腿加足高	372	383	389	413	439	448	463	331	342	350	382	399	405	417
9.坐深	404	421	429	457	486	494	510	388	401	408	433	461	469	485
10.臀膝距	499	515	524	554	585	595	613	481	495	502	529	561	570	587
11.坐姿下肢长	892	921	937	992	1046	1063	1096	826	851	865	912	960	975	1005

人体水平尺寸（单位：mm）　　　　　　　　　　　　　　　　　　　　　　　　　　表2—5

测量项目	男（18～60岁）							女（18～55岁）						
	百分位及尺寸							百分位及尺寸						
	1	5	10	50	90	95	99	1	5	10	50	90	95	99
1.胸宽	242	253	259	280	307	315	331	219	233	239	260	289	299	319
2.胸厚	176	186	191	212	237	245	261	159	170	176	199	230	239	260
3.肩宽	330	344	351	375	397	403	415	304	320	328	351	371	377	387
4.最大肩宽	383	398	405	431	460	469	486	347	363	371	397	428	438	458
5.臀宽	273	282	288	306	327	334	346	275	290	296	317	340	346	360
6.坐姿臀宽	284	295	300	321	347	355	369	295	310	318	344	374	382	400
7.坐姿两肘间宽	353	371	381	422	473	489	518	326	348	360	404	460	478	509
8.胸围	762	791	806	867	944	970	1018	717	745	760	825	919	949	1005
9.腰围	620	650	665	735	859	895	960	622	659	680	772	904	950	1025
10.臀围	780	805	820	875	948	970	1009	795	824	840	900	975	1000	1044

5）我国六个区域的人体身高、胸围、体重的均值和标准差

人体尺寸由于地域、民族、性别、年龄、生活条件等因素的不同而存在差异。我国是一个拥有56个民族，960万平方公里的大国，因此区域间人体尺寸的差异性是必然存在的。国标中对我国成年人人体尺寸分布划分为六个区，分别为：

东北、华北区：包括黑龙江、吉林、辽宁、内蒙古、山东、北京、天津、河北。

西北区：包括甘肃、青海、陕西、山西、西藏、宁夏、河南、新疆。

东南区：包括安徽、江苏、上海、浙江。

华中区：包括湖南、湖北、江西。

华南区：包括广东、广西、福建。

西南区：包括贵州、四川、云南。

国标中提供了上述六个区域成年人身高、胸围、体重的均值及标准差，见表2-6。

（2）我国未成年人人体尺寸

我国未成年人人体尺寸详见项目八中的8.1.1儿童人体尺寸。

2. 人体功能尺寸

功能尺寸是动态的人体尺寸，包括在工作状态或是运动中的尺寸。它是由关节的活动、转动所产生的角度与肢体的长度协调产生的范围尺寸。

相比结构尺寸，功能尺寸的用途较为广泛，可以解决很多空间范围、位置等问题。人体各关节根据运动的形式、频率不停变换，这种变换并非只是单一部位的，而是多个部位的联动。如，人体手臂能到达的范围绝对不仅仅取决于手臂的静态尺寸，它必然受到肩的运动、躯体的旋转或是背部运动等影响。

如图2-11所示，根据结构尺寸和功能尺寸设计的车辆驾驶室，结构尺寸强调驾驶员与驾驶座位、方向盘、仪表盘的物理距离；功能尺寸设计强调驾驶员身体各部位的动作关系。

再如，床是供我们睡眠的家具，如果按照人体结构尺寸要求进行设计，那么只需要满足人体最高高度和最宽宽度部位即可。但是，市场上没有任何一张床如此狭窄。除去枕头、被褥等床上用品预留空间外，人们在睡眠时会变换各种姿势，这些身体部位的伸展或弯曲需要有多余的空间放置，如图2-12所示。

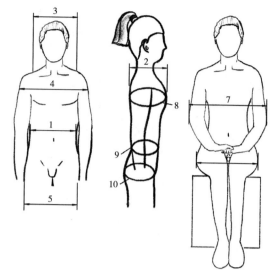

图2-10
人体水平尺寸

六个区域的身高、胸围、体重的均值和标准差（单位：mm）　　　表2-6

项目		东北、华北区		西北区		东南区		华中区		华南区		西南区	
		均值	标准差	均值	标准差	均值	标准差	均值	标准差	均值	标准差	均值	标准差
男 18～60岁	身高	1693	56.6	1684	53.7	1686	55.2	1669	56.3	1650	57.1	1647	56.7
	胸围	888	55.5	880	51.5	865	52.0	853	49.2	851	48.9	855	48.3
	体重（kg）	64	8.2	60	7.6	59	7.7	57	6.9	56	6.9	55	6.8
女 18～55岁	身高	1586	51.8	1575	51.9	1575	50.8	1560	50.7	1549	49.7	1546	53.9
	胸围	848	66.4	837	55.9	831	59.8	820	55.8	819	57.6	809	58.8
	体重（kg）	55	7.7	52	7.1	51	7.2	50	6.8	49	6.5	50	6.9

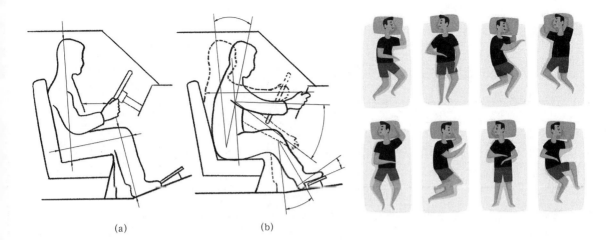

(a)   (b)

通过以上案例发现，很多设计是需要功能尺寸作为基础依据的，但并非结构尺寸不重要。在环境设计时，两种人体尺寸很多时候需要互相配合，并且根据不同的设计内容，侧重点也有所不同。如椅子设计，主要参照人体结构尺寸，完成座高、座宽、座深的设计。柜类家具设计，因人们可以通过不同姿势（下蹲、伸手臂、弯腰等）取拿柜中物品，为此柜类家具设计主要参照人体功能尺寸。

国家标准《工作空间人体尺寸》GB/T 13547—1992 提供了我国成年人立姿、坐姿、跪姿、俯卧姿和爬姿等功能尺寸数据，见表 2-7，如图 2-13 ～图 2-15 所示。

图 2-11 （左）
结构尺寸与功能尺寸
(a) 根据结构尺寸进行设计；
(b) 根据功能尺寸进行设计
图 2-12 （右）
睡眠的几种姿势

我国成年人工作空间人体尺寸（单位：mm）   表 2-7

测量项目	男（18 ~ 60 岁）							女（18 ~ 55 岁）						
	百分位及尺寸							百分位及尺寸						
	1	5	10	50	90	95	99	1	5	10	50	90	95	99
立姿人体尺寸														
1. 中指指尖点上举高	1913	1971	2002	2108	2214	2245	2309	1798	1845	1870	1968	2063	2089	2143
2. 双臂功能上举高	1815	1869	1899	2003	2108	2138	2203	1696	1741	1766	1860	1952	1976	2030
3. 两臂展开宽	1528	1579	1605	1691	1776	1802	1849	1414	1457	1479	1559	1637	1659	1701
4. 两臂功能展开宽	1325	1374	1398	1483	1568	1593	1640	1206	1248	1269	1344	1418	1438	1480
5. 两肘展开宽	791	816	828	875	92	936	966	733	756	770	811	856	869	892
6. 立姿腹厚	149	160	166	192	227	237	262	139	151	158	186	226	238	258
坐姿人体尺寸														
7. 前臂加手前伸长	402	416	422	447	471	478	492	368	383	390	413	435	442	454
8. 前臂手功能前伸长	295	310	318	343	369	376	391	262	277	283	306	327	333	346

测量项目	男（18～60岁）							女（18～55岁）						
	百分位及尺寸							百分位及尺寸						
	1	5	10	50	90	95	99	1	5	10	50	90	95	99
坐姿人体尺寸														
9. 上肢前伸长	755	777	789	834	879	892	918	690	712	724	764	805	818	841
10. 上肢功能前伸长	650	673	685	730	776	789	816	586	607	619	657	696	707	729
11. 中指指尖点上举高	1210	1249	1270	1339	1407	1426	1467	1142	1173	1190	1251	1311	1328	1361
跪姿、俯卧姿、爬姿人体尺寸														
12. 跪姿体长	577	592	599	626	654	661	675	544	557	564	589	615	622	636
13. 跪姿体高	1161	1190	1206	1260	1315	1330	1359	1113	1137	1150	1196	1244	1258	1284
14. 俯卧姿体长	1946	2000	2028	2127	2229	2257	2310	1820	1857	1892	1982	2076	2102	2153
15. 俯卧姿体高	361	364	366	372	380	383	389	355	359	361	369	381	384	392
16. 爬姿体长	1218	1247	1262	1315	1369	1384	1412	1161	1183	1195	1239	1284	1296	1321
17. 爬姿体高	745	761	769	798	828	836	851	677	694	704	738	773	783	802

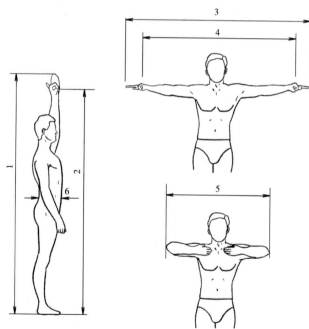

图 2-13 工作空间立姿人体尺寸

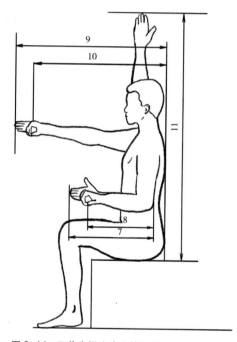

图 2-14 工作空间坐姿人体尺寸

2.2.2 影响人体尺寸的因素

　　人体尺寸测量仅仅依赖于国标数据或其他资料是不够的，在生活中很多复杂因素都会影响到人体尺寸。人与人之间、群体与群体之间，在人体尺寸上存在很多差异，因此，应用人体尺寸之前需要进行大量细致的分析工作，才可达到预期的设计目的。影响人体尺寸的因素主要包括以下几方面。

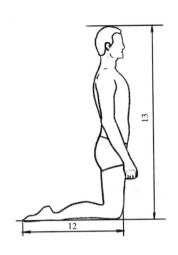
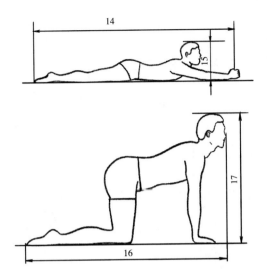

图 2-15
工作空间跪姿、俯卧姿、
爬姿人体尺寸

1. 种族差异

不同国家，不同种族，因其地理环境、生活习惯、遗传因素的不同，人体尺寸也有较大差异。表 2-8 列举了部分国家的男女成年人身高尺寸统计。

除了人体尺寸差异外，身材比例关系也不同。黑人的四肢比较长，躯干比较短；黄种人的四肢相对较短、躯干较长；白人则躯干与四肢的比例处于中间状态，如图 2-16 所示。这种差别对不同人种在体育运动中的优势项目影响非常明显。

部分国家成年人身高尺寸（单位：mm） 表 2-8

国别	均值	标准差	百分位及尺寸										
			1	10	20	30	40	50	60	70	80	90	99
日本（男）	1651	52	1529	1584	1607	1624	1638	1651	1664	1678	1695	1718	1773
日本（女）	1544	50	1429	1481	1502	1518	1532	1544	1556	1570	1586	1607	1659
美国（男）	1755	72	1587	1662	1694	1717	1737	1755	1773	1793	1816	1848	1923
美国（女）	1618	62	1474	1539	1566	1585	1602	1618	1634	1651	1670	1697	1726
法国（男）	1690	61	1548	1612	1639	1658	1675	1690	1705	1722	1741	1768	1832
法国（女）	1590	45	1485	1532	1552	1566	1570	1590	1601	1611	1628	1648	1695
意大利（男）	1680	65	1526	1596	1625	1645	1663	1680	1696	1715	1735	1764	1834
意大利（女）	1560	71	1394	1469	1500	1522	1542	1560	1578	1598	1620	1651	1726
非洲国家（男）	1680	67	1501	1581	1615	1639	1661	1680	1699	1721	1745	1779	1859
非洲国家（女）	1570	45	1465	1512	1532	1546	1559	1570	1591	1594	1608	1628	1675
马来西亚（男）	1540	65	1386	1456	1485	1505	1523	1540	1556	1575	1595	1624	1644
马来西亚（女）	1440	51	1321	1375	1397	1413	1427	1440	1453	1467	1485	1505	1559

2. 世代差异

在过去的一百年中，人的生长速度加快是一个不争的事实。由于生活水平提高，收入上升，营养得到了充分的补充，因此，当今子女们一般比父母长得高，同时肥胖率也在增加。欧洲的居民身高预计每10年增加10～14mm。因此，若在设计时还参照30～40年前的人体尺寸数据，显然是不准确的。

美国的军事部门每10年测量一次入伍新兵的身体尺寸，以观察身体的变化。第二次世界大战入伍的人的身体尺寸超过了第一次世界大战。美国卫生福利和教育部门在1971～1974年所做的研究表明：大多数女性和男性的身高比1960～1962年国家健康调查的结果要高。认识到这种缓慢变化对各种设备的设计、生产和发展周期之间的关系的重要性，并作出预测是极为必要的。

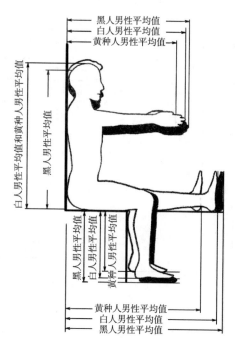

视频2
人体测量与人体尺寸

图2-16
人种间的身体差异

3. 年龄差异

年龄差异也是影响人体尺寸的重要因素之一。一般人体生长过程，女性在18岁左右结束，男性在20岁左右结束。此后，人体尺寸随年龄的增加而缩减，但体重、宽度及围长的尺寸却随年龄的增加而增加，如图2-17所示。往往青年人比老年人身材高一些。在进行某些设计时要充分考虑到不同年龄身体尺寸上的变化。如办公室空间家具等设计时，应主要参照20～65岁年龄段人体尺寸，因为20岁前多数人还在读书，65岁后也到了退休的年龄。

年龄差异中两个阶段的差异性最大，即未成年人和老年人。未成年人生长速度快，身体尺寸变化迅速。而老年人无论男女，上了年纪后身高均比年轻时矮；而身体的围度多数会增大。由于肌肉力量的退化，伸手够东西的能力不如年轻人。因此，手脚所能触及的空间范围要比一般成年人小，如图2-18所示。

对未成年人和老年人身体变化情况的测量、统计和研究，将对空间、产品、设施等设计带来帮助，从而更好地满足未成年人和老年人的使用要求，方便其生活，保障其健康和安全。

2011年发布的国家标准《中国未成年人人体尺寸》GB/T 26158—2010中给出了4～17岁未成年人72项人体尺寸（表8-2～表8-6）。2011年发布的国家标准《儿童家具通用技术条件》GB 28007—2011中对3～14岁儿童家具一般要求、安全要求、警示标识、实验方法、检验规则及标志等做了规范。

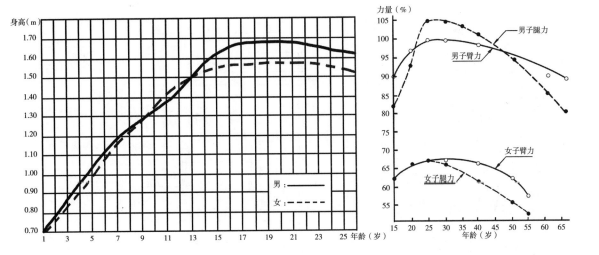

相比儿童，老年人的尺寸数据资料较少。由于人类社会生活条件的改善，人的寿命增加，进入老龄化的国家越来越多，如图 2-19 所示。因此，设计人员在考虑老年人使用功能时，还要对老年人的身体特征给予充分的考虑。如床不宜设置得太矮，否则不便于起身；抽屉不宜设置得太低，以免久蹲造成脑部缺血等危险状况的发生。关于未成年人和老年人的相关人体工程学部分在项目八无障碍环境设计中将给予详细说明。

4. 性别差异

3 ~ 10 岁这一年龄段男女差别较小，同一数值对两性均适用，两性身体尺寸的明显差别从 10 岁开始。同身高的男性和女性其身体比例是不同的（图 2-20），女性臀部较宽、肩窄。为此，不能用同身高的男性尺寸代替女性尺寸。

5. 特殊人群身体差异

这里特殊人群主要指残疾人。残疾人是重要的社会群体，他们在社会中同样充当着十分重要的角色，为社会的发展与进步贡献自己的力量。

对于残疾人的环境设计不能参照常规尺寸，而是要从身体情况出发。如

图 2-17（左）
不同年龄人的身体差异
图 2-18（右）
人的臂力和腿力随年龄的变化而变化

图 2-19
中国人口年龄金字塔
(a) 1953 年；
(b) 1990 年；
(c) 2000 年；
(d) 2050 年

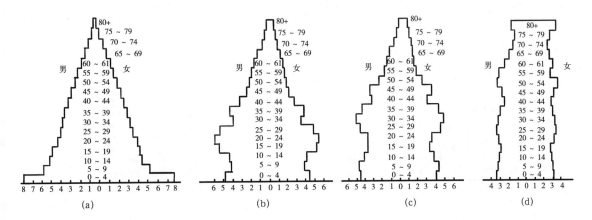

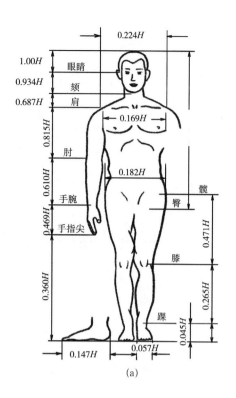

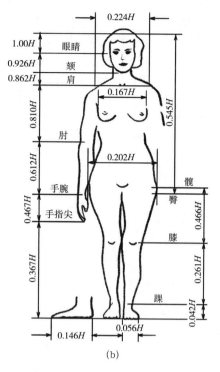

视频 3
影响人体尺寸的因素

图 2-20
中国成年人人体尺寸
与身高 H 的比例关系
(a) 男性；
(b) 女性

轮椅使用者。因患者的程度不同，对环境设计的要求也有所区别。但是，最基本的要求还是需要达到的，即轮椅可在室内外空间中不受限制地运动，轮椅使用者可伸手取到物品或是做一些家务。图 2-21 所示为图中人物梃直坐在轮椅上的各部分尺寸数据，但是很多残疾人并不能像图中人物一样梃直坐立，所以还需要参考使用者的实际情况，再做决定。图 2-22 所示为轮椅的基本尺寸和活动半径，将有助于对空间进行无障碍设计。

图 2-21
轮椅使用者基本人体
尺寸（单位：mm）

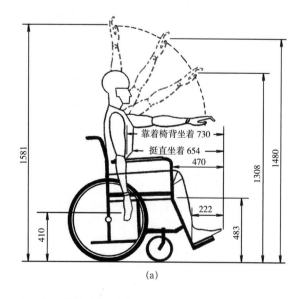

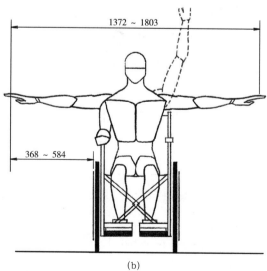

(a)

(b)

对于能走动的残疾人，在设计中也要考虑到他们使用的拐杖、手杖、助步车等帮助行走的工具与人体尺寸及环境尺寸之间的关系。

关于残疾人人体工程学部分在项目八无障碍环境设计中将给予详细说明。

6. 其他因素

除了上述内容外还有其他因素也将影响人体尺寸。如地域性的差异，寒冷地区的人平均身高要高于热带地区，平原地区的人平均身高要高于山区；职业差异，职业运动员与普通人的差别。

综上所述，人体尺寸并不只是翻找国标、查找数据这么简单，它需要有一个细致的调研、分析、研究的过程，依据这样的人体数据设计的作品才经得起推敲。

2.2.3 人体尺寸运用中的问题

在现代工业化生产中人体测量数据将成为产品设计的基础。但有了完善的人体尺寸数据是不够的，还需要正确地使用才能达到人体工程学真正的目的。

1. 数据的选择

任何一项设计都是针对某一群体开展的，因此在设计前需要了解该群体的基本构架，如年龄、性别、职业、民族和影响人体尺寸的各种因素，以确保找准设计定位，使设计的空间、产品、设施等适合使用对象的尺寸特征。对于一些定制化服务，可以根据使用者的个人尺寸进行量身定制，但是多数情况是以服务大众为目的的设计，则需要借助人体测量学家为我们提供的大量数据资料进行设计分析。

2. 百分位的运用

在 2.1.4 中介绍了百分位的相关概念。常见的百分位有第 5、10、50、90、95 百分位，即两端权值和中间值。设计中，平均值（第 50 百分位）被认

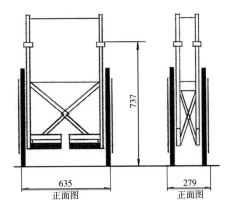

正面图 | 正面图

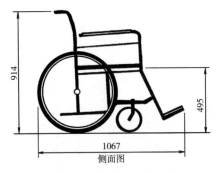

侧面图

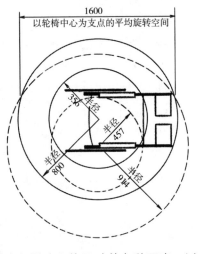

以轮椅中心为支点的平均旋转空间

图 2-22
轮椅尺寸及活动半径
（单位：mm）

为是首选，但事实并非如此，第5百分位和第95百分位在设计中的应用高于第50百分位，以下举例说明。

举例1：如果以第50百分位的身高尺寸来确定门的净高，会造成50%的人有碰头的危险。

举例2：座椅设计的好坏取决于它的舒适性，如果坐面高度选择第50百分位的人体坐高尺寸，那么将有50%的人坐在椅子上脚是够不到地面的。因此，坐面高度的尺寸不能使用平均值，而是要用较小的尺寸才合适。

经常采用第5和第95百分位的原因是它们概括了大多数人的人体尺寸范围，能适应大多数人的需要，那么在具体的设计中如何来选择呢？遵循一个原则："够得着的距离，容得下的空间"。

在不涉及安全问题的情况下，使用百分位的建议如下：

（1）最大原则：由人体总高度、总宽度决定的物体，如门、通道、床等，其尺寸应以第95百分位的数值为依据。

（2）最小原则：由人体某一部分决定的物体，如臂长、腿长决定的坐平面高度和手所能触及的范围等，其尺寸应以第5百分位为依据。

（3）安全原则：如果以第5百分位或第95百分位为限值会造成界限以外的人员处于危险或有损健康的状态时，尺寸界线应扩大至第1百分位或第99百分位。如紧急出口的直径应以第99百分位为准；栏杆间距应以第1百分位为准。

（4）平均原则：由于某些设计不适宜用极值（最小或最大），可以使用平均值，即第50百分位。如付账柜台、门铃、开关等。

综上所述，百分位的确定需要根据所设计的内容和服务的对象要求来决定，并不是一味地固定一个百分位，也不要凭感觉去选择，因为除了常用的百分位外，其余的百分位也会在某些设计中有所用处。

3. 可调节性

可通过调节功能尺寸，来扩大使用范围，如可升降的座椅和可调节隔板的书架等，如图2—23、图2—24所示。

在幅度的调节中有两种常见的做法：第一种，以尽可能极端的百分位值作为依据（第1～99百分位），尽量满足所有人的使用需要。第二种，采用第

图2—23
升降座椅（单位：mm）

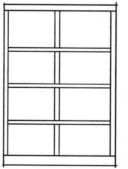
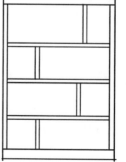

图2—24
可调节隔板的书架

10～90百分位为幅度，这样在技术上更简便、造价相对较低，使用起来也可满足大多数人需要。

4. 考虑各项人体尺寸

身高相同的人，不一定其他部位人体尺寸也相同。设计时不要以某一个人作为全部项目人体尺寸的参考依据，因为不同项目的人体尺寸相互之间的独立性很大，应分别考虑各项尺寸。如图2-25所示，三者身高相同，但人体比例不同。

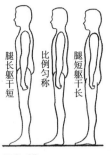

图2-25
不同的人体比例

5. 尺寸的定义

由于人体测量还是一门特殊的学科，经过专门训练的人不多，各国或各地区的标准又不尽相同，所以很多的人体尺寸资料在文字和定义上是很难统一的，故使用中的一个重要问题是人体尺寸应有明确的定义。仅仅以人体尺寸的名称去理解是不够的，对测量方法的说明也很重要。

如图2-26所示，表示了"上肢前伸长"测量值的变化与这一尺寸定义的关系。人的肩膀在肩胛骨是否贴紧墙面，对于测量结果的准确性和测量结果的应用起重要作用。测量方法上的差别，使成年男子的可及范围的变化幅度可达100mm。这种差别在某些设计中会有重要的影响，如安全带设计。

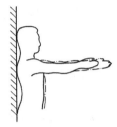

图2-26
"上肢前伸长"测量值的变化与该尺寸定义的关系

如图2-27所示，为身体坐高测量值的变化与该尺寸定义的关系。起关键作用的是坐的姿势。身体坐高的差别在成年男子可达60mm以上，根据不同使用目的，这两种测量值在设计中都有应用。

6. 尺寸的衡量标准

如果一张床的宽度设计为700mm，很多人认为宽度过窄，设计不合理，影响舒适度。的确，700mm宽的床对于五星级酒店来说不合适，但对于火车的卧铺车厢来说，是不错的选择。不同的舒适程度应有不同尺寸选择的标准。

另外，各种场合由于考虑的安全问题不同、安全等级不同也会对涉及安全的空间环境及设施尺寸提出不同的要求，如图2-28所示。

图2-27
坐高测量值的变化与该尺寸定义的关系

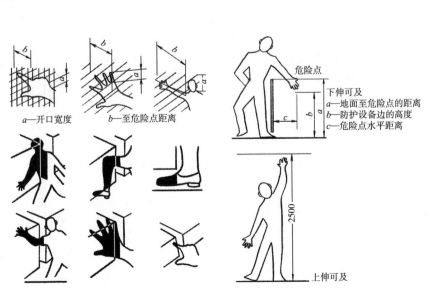

a—开口宽度　　b—至危险点距离

危险点

下伸可及
a—地面至危险点的距离
b—防护设备边的高度
c—危险点水平距离

2500

上伸可及

图2-28
安全尺度（单位：mm）

2.2.4 常用人体尺寸

常用人体尺寸包括结构尺寸和功能尺寸，下面对几种常用尺寸进行说明。

1. 身高

身高是指人身体直立、眼睛向前平视时从地面到头顶的垂直距离，如图2-29所示。由于是不穿鞋测量，因此需要在使用该数据时考虑到鞋底的厚度。

身高尺寸一般用于确定通道、门及头顶障碍物的高度。然而，在建筑规范或门的实际设计时，都采用第99百分位数据，以尽可能满足所有人的正常通行需要。

图 2-29　身高

2. 眼睛高度

眼睛高度是指人身体直立、眼睛向前平视时从地面到内眼角的垂直距离，如图2-30所示。由于是不穿鞋测量，因此需要在使用该数据时考虑到鞋底的厚度。

眼睛高度尺寸数据一般用于确定在礼堂、剧院、会议室等人的视线，用于布置广告和其他展品，用于确定屏风和开敞式办公区内隔断的高度。

需要注意的是这些数据应该与脖子的弯曲、旋转和视线角度资料结合使用，以确定不同状态、不同头部角度的视觉范围。

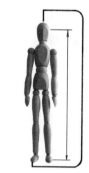

图 2-30　眼睛高度

3. 肘部高度

肘部高度是指从地面到人的前臂与上臂接合处可弯曲部分的距离，如图2-31所示。用于确定柜台、梳妆台、厨房案台以及其他站着使用的工作表面的舒适高度。科学研究发现，最舒服的高度是低于人的肘部高度76mm。休息平面的高度应该低于肘部高度25～38mm。

假定工作面高度确定为低于肘部高度约76mm，那么从965mm（第5百分位数据）到1118mm（第95百分位数据）这样一个范围都将适合中间的90%的男性使用者。考虑到第5百分位的女性肘部高度较低，这个范围应为890～1118mm，才能对男女使用者都适用。

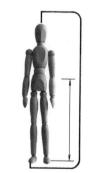

图 2-31　肘部高度

4. 挺直坐高

挺直坐高是指人挺直坐着时，座椅表面到头顶的垂直距离，如图2-32所示。用于确定座椅上方障碍物的允许高度或是用于遮挡视线隔断的高度等。挺直坐高数据在使用时需考虑座椅倾斜、座椅软垫的厚度和弹性、衣服的厚度以及人坐下和站起来时的活动等。在设计时，如阁楼空间、双层床铺、办公隔断等设计，宜采用第95百分位数据。

5. 正常坐高

正常坐高是指人放松坐着时，从座椅表面到头顶的垂直距离，如图2-33所示。用于确定座椅上方障碍物的最低高度或是用于遮挡视线隔断的高度等。需要考虑座椅倾斜、座椅软垫的厚度和弹性、衣服的厚度以及人坐下和站起来时的活动等，宜采用第95百分位数据。

6. 坐时眼睛高度

坐时眼睛高度是指人的内眼角到座椅表面的垂直距离，如图2-34所示。

图 2-32　挺直坐高

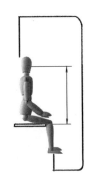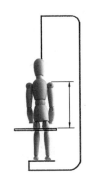

图 2-33（左）
正常坐高
图 2-34（中 1）
坐时眼睛高度
图 2-35（中 2）
坐时肩高
图 2-36（右）
肩宽

用于确定视线和最佳视区的尺寸。此类数据涉及剧院、礼堂、教室和其他需要有良好视听条件的室内空间设计。数据应用时需要考虑头部与眼睛的转动范围、座椅软垫的弹性、座椅距地面的高度和可调节座椅的调节范围等。如果座椅具有适当的调节性，就能适应第 5 百分位到第 95 百分位人的使用。

7. 坐姿肩高

坐姿肩高是指从座椅表面到脖子与肩峰之间的肩中部位的垂直距离，如图 2-35 所示。用于机动车辆中比较紧张的工作空间设计，在室内设计中较少应用。由于涉及间距问题，一般使用第 95 百分位数据。

8. 肩宽

肩宽是指两个三角肌外侧的最大水平距离，如图 2-36 所示。用于确定多人用桌子的座椅间距和影剧院、礼堂中的排椅座位间距，以及公共和专用空间通道距离。但在应用肩宽数据时需要考虑可能涉及的其他变化，如衣服厚度、人活动空间等。因此，对薄衣服要附加 79mm，对厚衣服要附加 76mm。由于躯干和肩的活动，两肩之间所需空间还应增加。涉及间距问题，一般使用第 95 百分位数据。

9. 坐姿两肘之间宽度

坐姿两肘之间宽度是指两肘屈曲、自然靠近身体、前臂平伸时两肘外侧面之间的水平距离，如图 2-37 所示。用于确定会议桌、报告桌、柜台等周围座椅的位置，此数据应与肩宽数据结合使用。由于涉及间距问题，一般使用第 95 百分位数据。

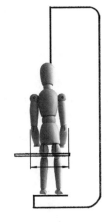

图 2-37
坐姿两肘之间宽度

10. 坐姿臀部宽度

坐姿臀部宽度是指臀部最宽部分的水平尺寸，如图 2-38 所示。用于确定座椅内侧尺寸，应与两肋之间宽度和肩宽结合使用。由于涉及间距问题，一般使用第 95 百分位数据。

11. 肘部平放高度

肘部平放高度是指从座椅表面到肘部尖端的垂直距离，

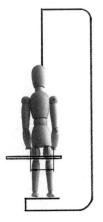

图 2-38
坐姿臀部宽度

如图2-39所示。用于确定椅子扶手、工作台、书桌、餐桌和其他特殊设备的高度。肘部平放高度其目的是能使手臂得到休息，因此，选用第50百分位数据较为合理。一般高度在140～280mm。

12. 大腿厚度

大腿厚度是指从座椅表面到大腿与腹部交接处的大腿端部之间的垂直距离，如图2-40所示。这些数据是设计柜台、书桌、会议桌、家具及其他一些室内设备的关键尺寸。因为这些设备都是需要将腿放在工作面下方，特别是工作面下方配有抽屉，需要使大腿与大腿上方的障碍物之间有适当的间隙。在设计时，除了考虑大腿厚度外，还需要考虑膝腘高度、座椅软垫弹性等。由于涉及间距问题，一般使用第95百分位数据。

13. 坐姿膝盖高度

坐姿膝盖高度是指人坐姿时从地面到髌骨上方的大腿上表面的垂直距离，如图2-41所示。用于确定从地面到书桌、餐桌、柜台底面距离的关键尺寸，尤其适用于使用者需要把大腿部分放在家具下面的场合。膝盖高度和大腿厚度决定了坐着的人与家具底面之间的靠近程度。同时还需要考虑座椅高度和坐垫的弹性等。由于涉及间距问题，一般使用第95百分位数据。

14. 膝腘（腿弯）高度

膝腘高度是指人梃直身体坐着时，从地面到膝盖背后（腿弯）的垂直距离。测量时膝盖与髌骨垂直方向对正，赤裸的大腿底面与膝盖背面（腿弯）接触座椅表面，如图2-42所示。用于确定座椅面高度的关键尺寸，尤其对确定座椅前缘的最大高度更为重要。座椅高度应选用第5百分位数据较为合适。

15. 臀部—膝腿部长度

臀部—膝腿部长度是由臀部最后面到小腿背面的水平距离，如图2-43所示。用于确定椅背到膝盖前方障碍物之间的距离和椅面的长度等。在百分位的选择上应根据座椅类型、用途等进行有针对性的分析，一般为适应多数使用者，宜采用第5百分位数据。

图2-39
肘部平放高度

图2-40（左）
大腿厚度
图2-41（中1）
坐姿膝盖高度
图2-42（中2）
膝腘（腿弯）高度
图2-43（右）
臀部—膝腿部长度

16. 臀部—膝盖长度

臀部—膝盖长度是从臀部最后面到膝盖骨前面的水平距离，如图 2-44 所示。用于确定椅背到膝盖前方的障碍物之间的距离。如影剧院、礼堂的固定排椅设计。臀部—膝盖长度比臀部—足尖长度要短，如果座椅前面的家具或其他室内设施没有放置足尖的空间，就应用臀部—足尖长度。由于涉及间距问题，一般使用第 95 百分位数据。

17. 臀部—足尖长度

臀部—足尖长度是从臀部最后面到脚趾尖端的水平距离，如图 2-45 所示。用途与臀部—膝盖长度相同。

18. 垂直手握高度

垂直手握高度是指人站立、手握横杆，然后使横杆上升到不使人感到不舒服或拉得过紧的限度为止，此时从地面到横杆顶部的垂直距离，如图 2-46 所示。用于确定开关、控制器、拉杆、把手、书架以及衣帽架等的最大高度。由于垂直手握高度是未穿鞋测量的数据，所以使用时需要适当补偿。涉及伸手够东西的问题，采用第 5 百分位数据较为合适，可满足大多数人身高需要。但数据的最终选择还应考虑实际设计内容、使用场所和使用人员等情况。

19. 侧向手握距离

侧向手握距离是指人直立、右手侧向平伸握住横杆一直伸展到没有感到不舒服或拉得过紧的位置，这时从人体中线到横杆外侧面的水平距离，如图 2-47 所示。这些数据有助于设备设计人员确定控制开关等装置的位置。如果使用者是坐着的，这个尺寸可能会稍有变化，但仍能用于确定人侧面的书架位置。如果设计的活动需要使用专门的手动装置、手套或其他某种特殊设备，这些都会延长使用者的一般手握距离，对于这个延长量应给予考虑。侧向手握距离宜采用第 5 百分位数据。

20. 手臂向前平伸

手臂向前平伸是指人肩膀靠墙直立，手臂向前平伸，食指与拇指尖接触，这时从墙到拇指梢的水平距离，如图 2-48 所示。有时人们需要越过某种障碍

图 2-44
臀部—膝盖长度

图 2-45（左）
臀部—足尖长度
图 2-46（中 1）
垂直手握高度
图 2-47（中 2）
侧向手握距离
图 2-48（右）
手臂向前平伸

物去够取一个物体或操纵设备，这些数据可以用来确定障碍物的最大尺寸。与侧向手握距离相同，宜采用第5百分位数据。

■ 任务实施

1. 结构尺寸与功能尺寸有什么不同？

2. 影响人体尺寸的因素有哪些？

3. 根据本节所学内容，试完成一把私人定制座椅设计。

具体要求：

（1）拟定设计对象，结合设计内容，列出人体测量项目及相关尺寸。

（2）根据人体尺寸数据，制订设计方案。

（3）最终需要提供材料包括：人体测量数据表、人体功能尺寸分析图、座椅设计方案草图、设计图（三视图）、效果图。以上内容编辑在 A4 图纸上。

3

项目三　人体活动与动作空间

■　项目目标

　　人不是静止的，而是活动的，并且是在一定的空间中采用各种姿态进行活动。有活动就会有距离、方式、活动范围……在关注人体活动姿势的基础上，动作空间的研究也十分重要。本项目将对肢体活动范围与作用域、人体活动与活动空间、活动空间的影响因素等问题展开分析。

■　项目任务

表 3-1

项目任务	关键词	学时
任务 3.1 肢体活动范围与作业域	肢体活动角度、肢体活动范围、作业域等	1
任务 3.2 人体活动与活动空间	基本姿态、姿态变换、人体移动、人与物的关系、影响活动空间的因素	1

任务3.1　肢体活动范围与作业域

■ 任务引入

　　空间中很多东西不是越大越好、越小越精致，它都需要根据自己的特征、用途、与人的关系等对自身尺寸重新塑造，来满足使用者的需要。如果它们的体态超过了使用者肢体活动的范围，那么很多东西将够不到；如果不能满足肢体活动的最小范围，那么身体将得不到施展，蜷缩着活动。

■ 知识链接

　　肢体活动范围是人体处于静态时，肢体绕着躯干做各种动作，这些由肢体活动所划出的范围被称为肢体活动范围。人们在各种作业环境中的工作活动范围，称为作业域。

图 3-1
肢体活动角度 (1)

3.1.1　肢体活动角度

　　肢体活动角度可以解决如视野、踏板行程、弯腰幅度、抬手等角度问题。图3-1和图3-2展示了人体手臂、手腕、手指、小腿、大腿、脚、腰部、背部、肩关节、肘关节等人体部位的活动角度。但人体活动并非单一关节的运动，而是多关节的联合运动。所以单一的角度是不能解决所有问题的，需要配合其他数据共同完成。

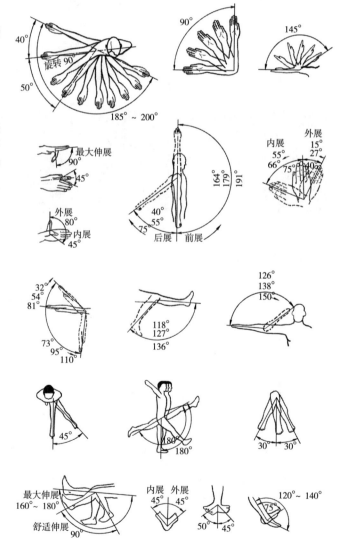

3.1.2　肢体活动范围

　　肢体活动范围是人在各种工作环境中肢体活动所占用的空间范围。如人在工作台前操作时经常使用的上肢，此时的动作在某一限定范围内呈弧形，而形成包括左右水平面和上下垂直面动作范围内的领域，称为作业域。作业域所需的最小空间为作业空间。

　　人们工作时由于姿态不同，其作业域也不同。常见的基本姿态有立姿、坐姿、单腿跪姿和仰卧姿。

1. 立姿活动空间

　　立姿活动空间包括上身及手臂的可及范围，如图3-3所示。

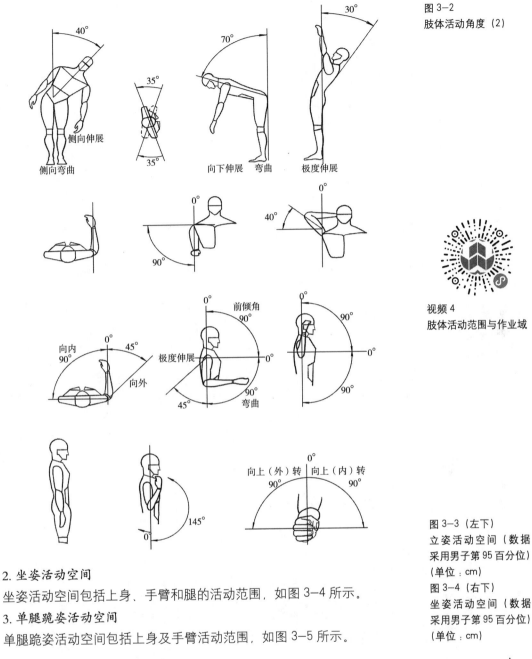

图 3-2
肢体活动角度（2）

2. 坐姿活动空间

坐姿活动空间包括上身、手臂和腿的活动范围，如图 3-4 所示。

3. 单腿跪姿活动空间

单腿跪姿活动空间包括上身及手臂活动范围，如图 3-5 所示。

图 3-3（左下）
立姿活动空间（数据采用男子第 95 百分位）
（单位：cm）
图 3-4（右下）
坐姿活动空间（数据采用男子第 95 百分位）
（单位：cm）

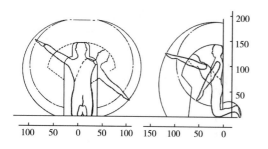

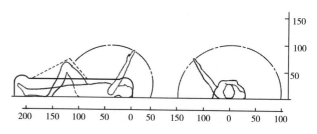

4. 仰卧姿活动空间

仰卧姿活动空间包括手臂和腿的活动范围，如图3-6所示。

3.1.3 手和脚的作业域

在日常工作生活中，人总会处在或站或坐的不同姿态里，手和脚也在一定空间范围内做着活动，而活动所形成的包括左右水平面和上下垂直面的区域，称为作业域，如图3-7所示。作业域的边界是站立或坐姿时手脚所能达到的范围。若设计得不合理，会引起作业的人身体扭曲、作业不精准等问题。

1. 水平作业域

水平作业域是人在台面上左右运动手臂而形成的轨迹范围。分为最大作业域和通常作业域，如图3-8所示。

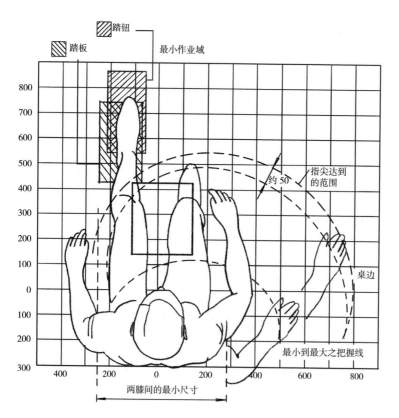

图3-5（左）
单腿跪姿活动空间（数据采用男子第95百分位）（单位：cm）
图3-6（右）
仰卧姿活动空间（数据采用男子第95百分位）（单位：cm）

图3-7
手和脚的作业域
（单位：mm）

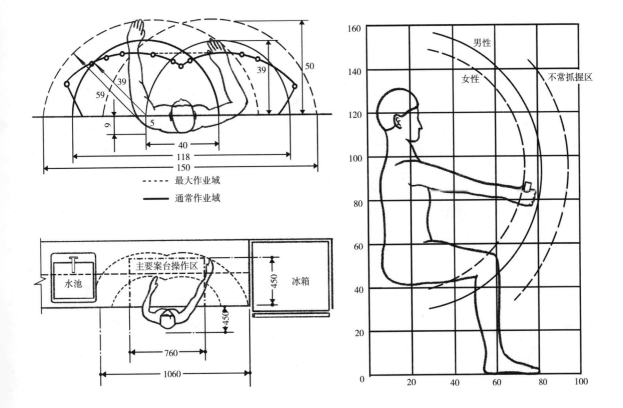

最大作业域是手尽量外伸所形成的区域。

通常作业域是手臂自然放松运动所形成的区域。

以通常手臂活动范围，桌子宽度在400mm就够了，但由于要放置其他用品，所以实际桌子的尺寸要更大。水平作业域对确定台面上的各种设备和物品的摆放位置很有帮助。

如图3-9所示，为厨房操作台面水平面作业域实例图。人较舒适的主要案台操作区应根据空间情况尽可能在最大作业区域范围值左右。如果范围过大，操作台中其他固定设施（如灶台、水池、电器等）将与案台操作区间隔过远，造成移动距离和频率的增加；如果范围过小，甚至低于通常作业域，那么操作将在狭小的范围内进行，造成更大的不便。

2. 垂直作业域

垂直作业域指手臂伸直，以肩关节为轴做上下运动所形成的范围。如图3-10所示，为人在坐姿状态下，手臂触及的垂直范围。此范围与隔板、挂件、门拉手、橱柜门板、吊柜等设计有关。设计直臂抓握的作业区时，应以身材较小的人为依据，因此宜采用第5百分位数据。

如图3-11所示，为橱柜垂直作业域实例图。下方柜式案台与吊柜面板平齐时，女性能够到的最大高度为1820mm、男性为1930mm；下方柜式案台与吊柜面板不平齐时，女性能够到的最大高度为1750mm、男性为1820mm。

图3-8（左上）
水平作业域
（单位：cm）

图3-9（左下）
水平作业域实例
（单位：mm）

图3-10（右）
手臂触及的垂直范围
（单位：cm）

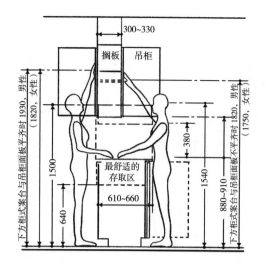

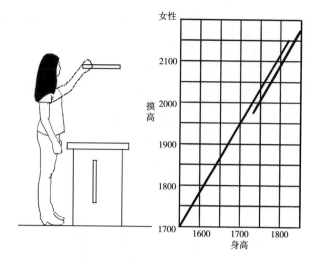

图 3-11（左）
垂直作业域实例
（单位：mm）
图 3-12（右）
身高与摸高的关系
（单位：mm）

3. 其他相关问题

（1）摸高

摸高是指手举起时达到的高度。如图 3-12 所示，为身高与摸高的关系对比图。垂直作业域与摸高是设计各种隔板、柜架、扶手和各种控制装置的主要依据。表 3-2 为男性与女性最大摸高。

男性与女性的最大摸高（单位：mm）　　表 3-2

性别与身材		百分位	指尖高	直臂抓摸
男性	高大身材	95	2280	2160
	平均身材	50	2130	2010
	矮小身材	5	1980	1860
女性	高大身材	95	2130	2010
	平均身材	50	2000	1880
	矮小身材	5	1800	1740

（2）拉手

很多设计物品上都有拉手，如各类门的拉手、抽屉拉手等。拉手位置与身高有关。如果设计得太矮，身材高大的人将弯腰作业；设计得太高，身材矮小的人还够不到。身材相差太大，往往找不到合适的位置。为了解决这一问题，可以安装两个拉手以供不同身高的人使用，也可以安装造型狭长的拉手，同样也能满足需要，如图 3-13 所示。

研究人员为了找到最合适的拉手位置，用磁铁代替拉手做了一项实

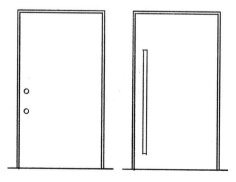

图 3-13
门拉手设计

验。如图 3-14 所示，结果显示高度在 900 ~ 1000mm 磁铁位置是多数人使用起来最为舒适的一种高度。因此，一般办公室拉手高度为 1000mm，家庭用 800 ~ 900mm。对于一些特殊空间，如幼儿园拉手需要再降低。

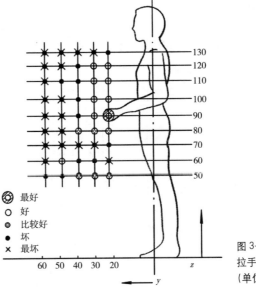

图 3-14
拉手高度实验
（单位：cm）

■ **任务实施**

根据自己的身体尺寸设计 件书桌附带书架的多功能学习家具。

具体要求：

1. 需要对身体基本尺寸进行列表说明。

2. 需要对肢体活动范围、作业域等数据进行分析（以图表或图形的形式）。

3. 根据以上数据展开书桌附带书架的设计方案起草工作。

书桌与书架相连接，设计形式、风格不限。但需要能够放置以下物品：书籍、文具、笔记本电脑、台灯及其他临时物品。

4. 需要提交文件材料包括：

（1）资料收集：人体尺寸、肢体活动范围与作业域等相关数据资料，设计参考资料等；

（2）设计方案草图；

（3）设计图（三视图）；

（4）效果图（透视图或轴测图）。

任务 3.2　人体活动与活动空间

■ **任务引入**

人并不是一直停留在某地活动，有时也需要移动地去作业，那么对于人体的移动所带来的作业空间又会是怎么样的呢？

本节将了解人在各种姿态下的活动及相关的作业空间。

■ **知识链接**

现实生活中人们并不是总保持着一种姿势，人体本身会随着活动的需要移动位置，这种姿势的变换和人体的移动所占用的空间构成了人体的活动空间，也被称为作业空间。人体的活动大体上可分为基本姿态、姿态变换、人体移动，还有人与物的关系。

3.2.1 基本姿态

人体活动时的基本姿态包括立位、倚坐位、跪位、坐位和卧位，如图 3—15 所示。当人们采取某种姿态时就占用了一定的空间。通过对基本姿态的研究，了解不同姿态下人的手足活动所占空间大小。

立位和坐位姿态手足的活动空间，如图 3—16 所示。

图 3—15
基本姿态

3.2.2 姿态变换

姿态变换一般视为正立姿势与其他姿势之间的变换，如正立变为坐立等。姿态变换所占用的空间等于变换前的姿态和变换后的姿态占用空间的重叠。人体在进行姿态变换时，存在其他肢体的伴随运动。因而占用的空间可能大于前述空间的重叠。图 3—17 为从正坐到站立的动作；图 3—18 为从椅子上站立起来的动作；图 3—19 为从正立到各种姿态的动作及动作空间示意。

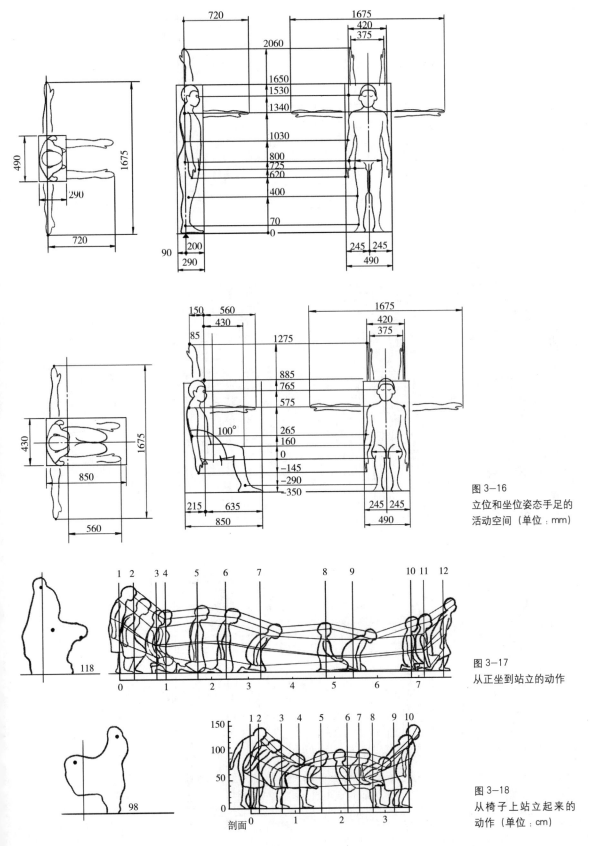

图 3-16
立位和坐位姿态手足的
活动空间（单位：mm）

图 3-17
从正坐到站立的动作

图 3-18
从椅子上站立起来的
动作（单位：cm）

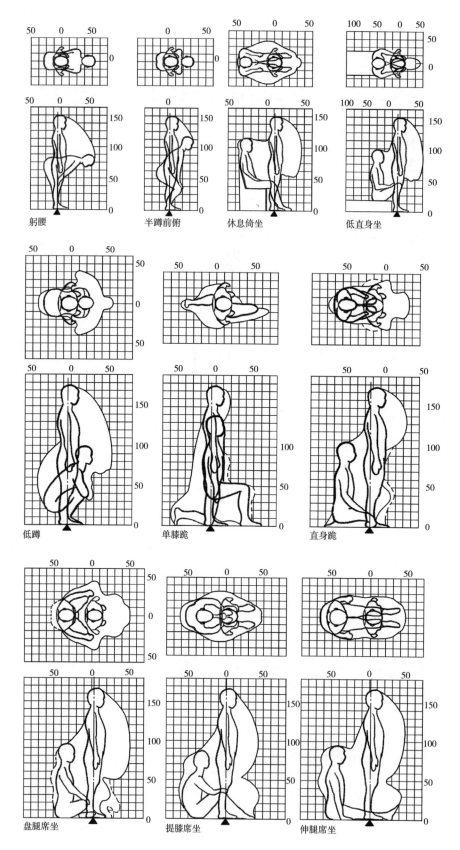

躬腰　　半蹲前俯　　休息倚坐　　低直身坐

低蹲　　单膝跪　　直身跪

盘腿席坐　　提膝席坐　　伸腿席坐

图3-19
各种动作分析与动作
空间（单位：cm）

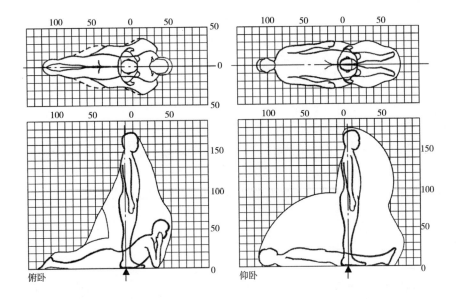

图 3-19（续）
各种动作分析与动作
空间（单位：cm）

俯卧　　　　　仰卧

3.2.3 人体移动

人体移动占用的空间除了人体本身所占空间外，还应考虑连续运动过程中所产生的肢体摆动或身体回旋余地所需要的空间，如图 3-20 所示。

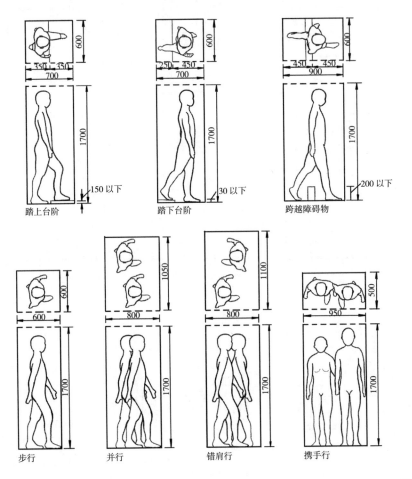

踏上台阶　　　踏下台阶　　　跨越障碍物

步行　　　并行　　　错肩行　　　携手行

图 3-20
人体移动占用的空间
（单位：mm）

3.2.4 人与物的关系

人在进行各种活动时，很多情况下与一定的物体发生联系。人与物体相互作用产生的空间范围可能大于或小于人与物各自空间之和。所以人与物占用的空间的大小要视其活动方式及相互的影响方式决定。如人在看电视时需要与电视机保持一定的距离，这种空间范围将大大超过人与物自身范围；再如，人书写时腿部放在桌面下方，这种空间范围将小于人与物自身范围之和。

图3-21、图3-22为家具在使用过程中的操作动作或家具部件的移动产生额外的空间需求的示例。图3-23为由于使用方式的原因产生的除了人体与设备之外的空间需求示例。图3-24为音响、电视等设备所需要的空间示例。

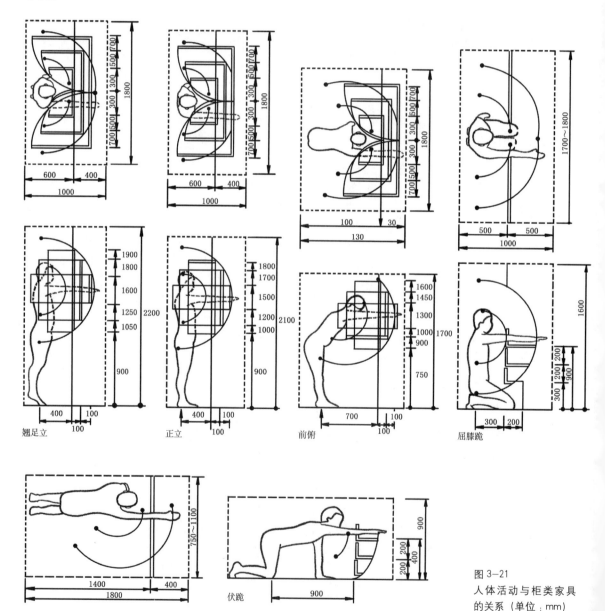

图 3-21
人体活动与柜类家具
的关系（单位：mm）

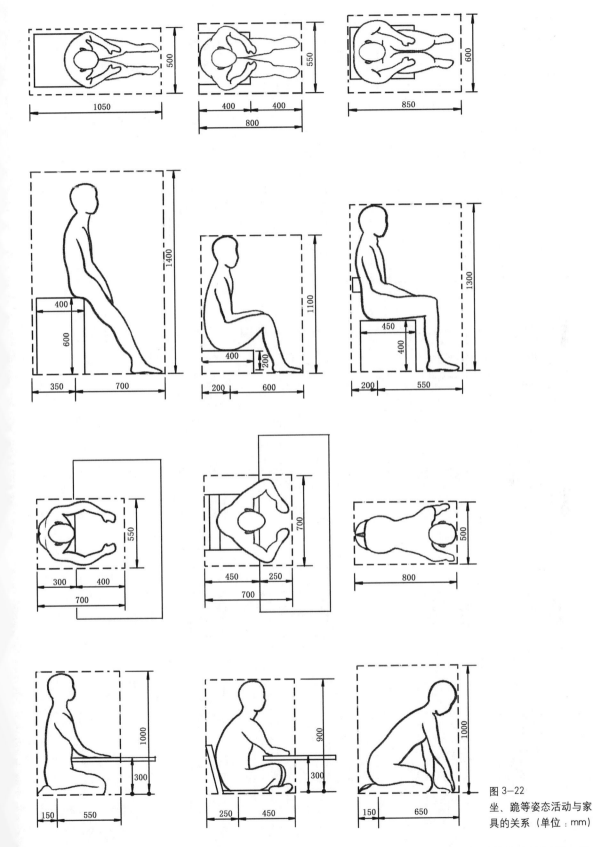

图 3-22
坐、跪等姿态活动与家
具的关系（单位：mm）

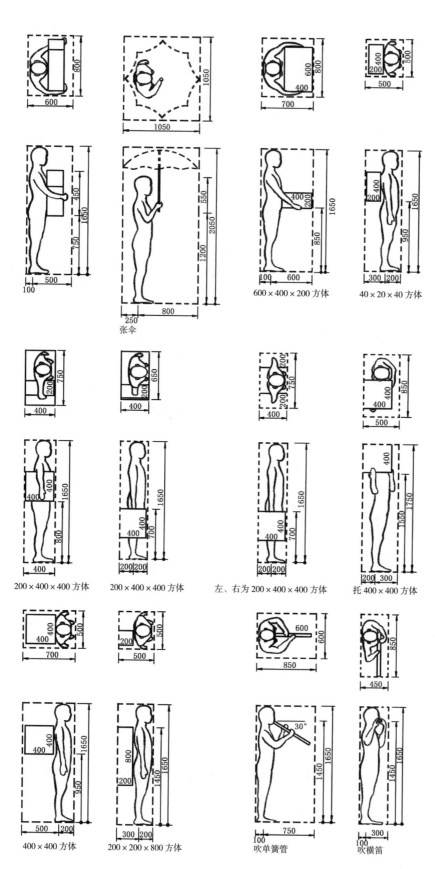

600×400×200 方体

40×20×40 方体

张伞

200×400×400 方体

200×400×400 方体

左、右为 200×400×400 方体

托 400×400 方体

400×400 方体

200×200×800 方体

吹单簧管

吹横笛

图 3—23
人体与设备之外的空间
需求（单位：mm）

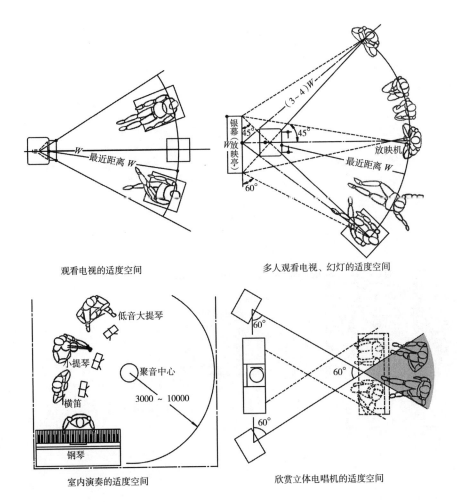

观看电视的适度空间　　　　　多人观看电视、幻灯的适度空间

室内演奏的适度空间　　　　　欣赏立体电唱机的适度空间

图 3—24
音响、电视等设备空间需求（单位：mm）

3.2.5 影响活动空间的因素

1. 动作的方式：是静止的还是动态的，是持续的还是间隔的。

2. 工作的时间：在各种姿态下，由于持续时间不同，会带来体力的变化从而造成人姿态的改变。

3. 工作用具：额外的附加设备会占用空间。

4. 服装：服装会随着季节、场合、时间等因素而变化。服装的余量也会有所不同，如冬季的羽绒服、宴会女子穿的裙装等都会占用很多空间。

5. 生活习惯：如日本、韩国等国家有席地而坐的生活方式，无论是空间尺寸、格局划分还是形态都与垂足而生的情况略有差异。在设计时，应注重个同生活习惯带来的不同人体活动特点。

■ 任务实施

1. 人体活动时的基本姿态包括哪些方面？

2. 列举日常生活中姿态变换的几种常见情况，并说明，这些姿态在发生过程中的感受是什么？

3. 举例说明，人与物体的空间活动关系有哪些？

4

项目四　家具设计与人体工程学

■　项目描述

　　家具是人类必不可少的物品，在生活、学习、工作中辅助我们完成各类活动。如写字时需要办公桌椅、绘图时有绘图桌椅、休息时有沙发或床、做饭时有橱柜、吃饭时有餐桌。可以说家具涵盖了衣食住行各个方面。那么，在家具的功能尺寸设计时我们需要注意哪些方面呢？本项目将从坐卧类家具、桌台类家具、储藏类家具等三个方向进行分析，并通过名家名作为大家剖析家具设计内涵。

■　项目目标

　　1.通过坐的生理学分析，了解人体组织结构与坐姿的关系，掌握坐姿舒适度是如何实现的。

　　2.通过对座位的功能尺寸设计分析，掌握座位的高度、深度、宽度、重量分布、座面倾角、扶手、靠背等功能设计要点与参数分析。

　　3.掌握工作椅、休息椅等常用座椅的功能尺寸。

　　4.通过对床的功能尺寸分析，掌握床的高度、宽度、长度，掌握床屏和床面材料的设计要点与参数分析。

    5. 掌握工作面高度相关功能设计要点和尺寸参数分析。

    6. 掌握工作面宽度和深度设计要点和尺寸参数分析。

    7. 通过对衣柜功能尺寸的分析，掌握衣柜的高度、深度、挂衣棍位置、底部空间设计和抽屉等设计要点和参数分析。

    8. 掌握橱柜地柜与吊柜的设计要点和参数分析。

    9. 掌握书柜和文件柜的功能尺寸。

■ 项目任务

表4-1

项目任务	关键词	学时
任务4.1 坐卧类家具功能尺寸设计	腰椎曲线、坐姿舒适度、高度、宽度、长度、重量分布、座面倾角、扶手、靠背、床屏等	2
任务4.2 桌台类家具功能尺寸设计	工作面高度、肘部高度、能量消耗、作业技能、头的姿势、站立作业、坐姿作业、坐立交替式作业、斜面作业、工作面宽度与深度等	2
任务4.3 储藏类家具功能尺寸设计	衣柜高度、衣柜深度、挂衣棍位置、底部空间、抽屉、橱柜地柜、橱柜吊柜、书柜功能尺寸、文件柜功能尺寸等	2

任务4.1　坐卧类家具功能尺寸设计

■ 任务引入

    对于大多数人来说，偶有某一阶段会感觉"腰酸背痛腿抽筋"，这些痛苦的感受多来源于日常工作生活中不正确的行为姿态。我们常常在不同的坐卧类家具上找到属于自己的舒适姿态，但这些姿态可能会影响到我们的脊椎、腰椎、颈椎等很多人体组织，随着时间的流逝，各组织的毛病就将接踵而至。纠正人的行为姿态是一件任重道远的事。那么，在不降低舒适度的前提下，能否通过家具的设计来缓解或改善人们使用中遇到的上述问题呢？

    本节我们的任务是通过对坐的解剖学和生理学分析，学习和掌握座椅和床的设计原则与要点。

■ 知识链接

    坐卧类家具主要包括椅、凳、沙发、床等，是与人身体直接接触的家具类别。它们的功能尺寸设计与人们的舒适度、睡眠好坏、工作效率高低有着重要的联系。在设计时，要充分考虑到使用者在生理和心理上的不同需求，使骨骼肌肉结构保持合理状态，血液循环和神经组织不过度受压，减少甚至消除由家具产生的各种疲劳因素。

4.1.1　坐的生理学分析

    坐的生理学包括腰椎曲线和坐姿舒适度等。在学习之前，我们需要了解人脊柱的基本构成。

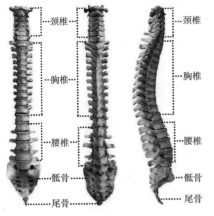

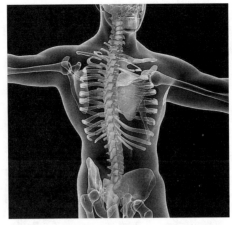

图4-1（左）
人类脊柱
图4-2（右）
脊柱、椎间盘、韧带

脊柱是身体的支柱，位于背部正中。在人正常站立的情况下，脊柱有4个弯曲，从侧面看呈"S"形，即颈椎前凸、胸椎后凸、腰椎前凸和骶椎后凸，如图4-1所示。

脊柱由33块椎骨组成，由椎间盘和韧带连接构成。在两块脊椎骨之间的是椎间盘。椎间盘像一块充满弹性的软垫，承受着上下脊椎骨的压力，同时使整个脊柱具有可变形性，如图4-2所示。椎间盘会由于外力作用或其他因素导至椎间盘退化或椎间盘突出。

脊柱的四个生理弯曲中与坐姿的舒适性直接相关的是腰椎曲线。

1. **腰椎曲线**

通过人由站立姿势改变为坐姿，所产生的解剖学上的变化，来了解腰椎曲线。

一个人梃胸站立姿势变为笔直坐立姿势，如果椅子座面没有倾斜角度，会发现他的躯干和大腿成直角，腰椎曲线明显变平。在这个过程中60°来自臀部关节，30°来自腰椎曲线变平，如图4-3所示。

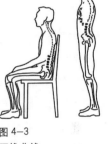

图4-3
腰椎曲线

图4-4（b）所示，侧睡是比较放松的姿势，臀部关节弯曲了45°，这是臀部关节休息的姿势，大腿和小腿处于放松平衡的状态，背部有个向后凸出的曲线。

图4-4（c）所示，人体脊柱自然状态的姿势，躯干与大腿夹角大于90°，且腰部必须要有支撑，以减少脊柱向后凸的变形，从而减轻椎间盘压力。

图4-4（d）所示，曲线d稍微凹进去的形状，会使向前凸出的腰

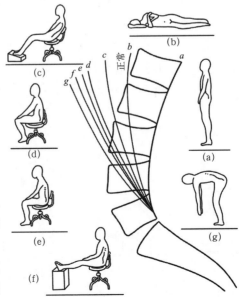

图4-4
不同姿势下的腰椎曲线

椎拉直，导致其向后弯曲，因椎间盘上压力不能正常分布，身体上的负荷加在腰椎部，这就是坐在 90° 靠背椅上不舒服的原因。

图 4-4（e）所示，曲线 e 相比曲线 d 凹进去的更为显著，坐在靠背小于 90° 的座椅上，加大身体对腰椎的负荷，人会感到十分不舒适。

综上所述，得出以下结论：

（1）90° 靠背椅和小于 90° 的靠背椅容易使腰椎曲线改变，引起疲劳；

（2）大于 90° 的靠背椅能使人的脊椎接近自然状态，较为舒适；

（3）设置适当的靠腰，使腰椎有所支撑，可减轻椎间盘压力。

2. 坐姿舒适度

坐姿工作的人身体通常会出现疼痛的部位，如图 4-5 所示。其中，38% 的坐姿工作人员有腰疼经历，如果座椅有靠背将缓解腰部的劳累感；14% 的人肩痛和颈椎疼痛，多是由于椅子的座面高度与桌子的工作面高度不合适导致的；12% 大腿疼痛主要是工作时人体体重主要集中在腿部，其次是座椅上，造成腿部受力时间长且负荷大；18% 有膝盖和脚部疼痛现象，其中多数是由于椅子面过深、座面太高，使得人在工作时只使用了椅子的前边沿。

为了让使用者在生活、工作中使用座椅更舒适、更利于身体健康，结合上述分析，总结以下建议：

（1）座椅的形式与尺度和用途有关

根据座椅用途可分为休息用椅、工作用椅和休闲用椅等多种类型。其中，休息用椅以身体放松、舒适为主要目的，因此靠背与座面的夹角较大，并且可提供短靠腰和脚踏增加舒适性；工作用椅，根据工作性质不同，形式和尺度也有所不同，但是较高的椅子将会使人保持原来的腰椎曲线不变，如图 4-6 所示。

（2）座椅的尺寸必须参照人体测量学数据设计

座面高度设计要考虑小腿加足高，还应与桌面相配合。特别是儿童座椅的设计，根据不同年龄段儿童的生长特点需要在座椅的尺寸上进行调整，并要考虑成长设计与可持续应用性，如图 4-7 所示。

图 4-5
坐姿工作者疼痛部位百分比

头 8%
颈和肩 14%
腰 38%
臀部 10%
大腿 12%
膝和脚 18%

知识拓展
椎间盘压力

图 4-6（左）
影响腰椎的各种因素
图 4-7（右）
儿童座椅与成人座椅

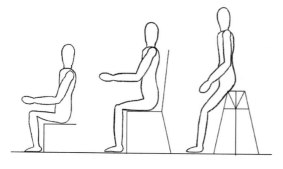

 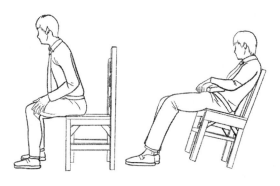

图4-8（左）
根据人体脊柱设计的
办公座椅
图4-9（右）
滑脱与后翻

（3）座椅设计应该具备安全、稳固的支撑

稳固的支撑是座椅的首要标准，它需要承受人体几乎全部的重量。支撑包括臀部支撑、腰背部支撑以及其他部位的支撑，对腰背部的支撑可以利用座椅靠背来辅助完成，如图4-8所示，为根据人体脊柱设计的办公座椅。

（4）方便变化姿势，防止滑脱和后翻（图4-9）

（5）体压合理地分布到坐垫和靠背上

身体的重量主要应由臀部坐骨承担，坐垫前缘接触的大腿下压力应最小；坐垫必须有充分的衬垫和适当的硬度，使之有助于将人体重量的压力分布于坐骨节区域。休息时腰背部也应承担重量。

4.1.2 座椅的功能尺寸设计

座椅设计的关键包括座高、座深和座宽、重量分布、座面倾角、扶手、靠背等，如图4-10所示。

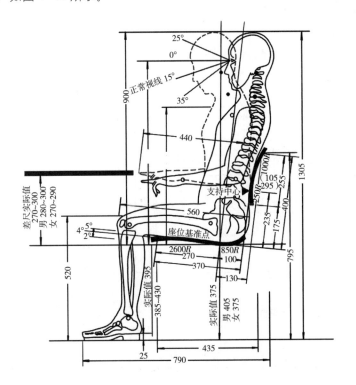

视频5
座椅的功能尺寸（一）

图4-10
座椅的几何尺寸
（单位：mm）

1. 座高

如图 4-11 所示，舒服的坐姿应使大腿近似呈水平的状态，两腿被地面所支撑。如果座面过高，脚悬空够不到地面，体压一部分将分散到大腿上，使大腿受到压迫，产生疲劳感。座面过低，膝盖拱起，体压集中在坐骨上，也会产生疼痛感。另外，座面过低会造成起身不便。

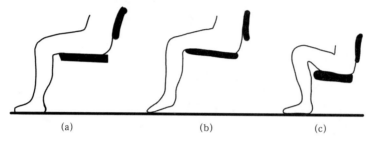

图 4-11
座面高度示意
(a) 座面高度适中；
(b) 座面高度过高；
(c) 座面高度过低

决定座椅高度的因素主要包括：

（1）小腿加足高

适中的座高应等于小腿加足高加上 25 ～ 35mm 的鞋跟厚再减去 10 ～ 20mm 的活动余地，即：

$$椅子座高 = 小腿加足高 + 鞋跟厚 - 适当空间 \qquad (4-1)$$

小腿加足高一般选取适合所有第 5 百分位以上的人。

国家标准《家具　桌、椅、凳类主要尺寸》GB/T 3326—2016 规定座椅高为 400 ～ 440mm。工作用椅其座面高度比休闲椅稍高，且可进行高度调节，以满足各身材人员使用，高度宜为 360 ～ 480mm。

沙发的座高要低于椅子，我国轻工行业标准《软体家具　沙发》QB/T 1952.1—2012 规定沙发的座前高度一般为 340 ～ 440mm，见表 4-2、如图 4-12 所示。

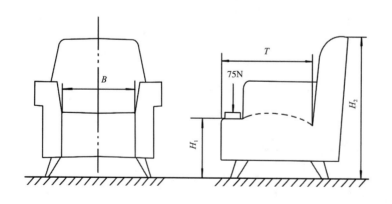

图 4-12
沙发主要功能尺寸示意

沙发主要功能尺寸（单位：mm）　　　　　　表 4-2

座前高 H_1	座深 T	座前宽 B	背高 H_2
340 ～ 440	480 ～ 600	单人沙发≥480；双人沙发≥960；双人以上沙发≥1440	≥600

（2）根据工作面高度决定座椅高度

国家标准《家具 桌、椅、凳类主要尺寸》GB/T 3326—2016 规定了桌椅类配套使用标准尺寸，桌面与座面高度差控制在250 ~ 329mm，在这个距离内，大腿的厚度占据了一定高度，我国 95% 的男性和女

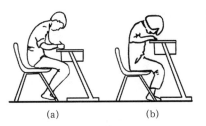

图 4-13
尺寸大小示意
(a) 座椅高差过小；
(b) 座椅高差过大

性的大腿厚度约为 151mm。如图 4-13 所示，如座椅高差过小会造成脊背压力，限制腿部活动；如座椅高差过大，会造成颈部压力。

由于工作面的需要，部分椅子座高较高造成人脚达不到地面，这时应该添加脚垫缓解不适。

（3）通过高度划分座椅种类

如图 4-14 所示，讲课的时候坐在较高的椅子上便于活动；休息的时候坐在较矮的椅子上，会感到轻松，如果能把脚搭到矮凳上，将更加舒适。虽然都

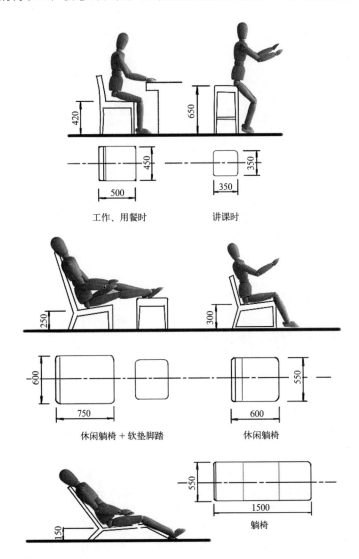

工作、用餐时　　　　讲课时

休闲躺椅 + 软垫脚踏　　　　休闲躺椅

躺椅

图 4-14
不同种类的椅子
（单位：mm）

是椅子，但因为所要达到的目的不同，它们在尺寸上便有了差距。

一般情况下，座面的面积与椅子的高度呈反比。比如，讲课的老师搭坐在椅子上，身体基本保持站立姿势，因此座面面积较小。而躺椅，人躺在较低位置上，但身体大面积与躺椅接触，座面面积也就更大。

2. 座深和座宽

座位的深度和宽度取决于座位的类型。

（1）座深

如图 4-15 所示，座面过深，使用者不能靠背，长时间坐会使小腿产生麻木感；座深过浅，大腿前部悬空，将重量全部压在小腿上，小腿很快会疲劳。因此，座位深度应略小于坐姿时大腿水平长度，并且以坐深的第 5 百分位数值进行设计，即：

$$座位深度 = 坐深 - 60mm（间隙） \qquad (4-2)$$

座位深度的数值并不是绝对的，要取决于座位的类型，在国家标准《家具 桌、椅、凳类主要尺寸》GB/T 3326—2016 中，规定了扶手椅、靠背椅和折椅的座深，见表 4-3、如图 4-16 所示。同时也规定了长方凳、方凳和圆凳的座深，见表 4-4、如图 4-17 所示。

图 4-15
座面深度示意

扶手椅、靠背椅、折椅尺寸（单位：mm）　　　表 4-3

椅子种类	座深 T_1	座宽	扶手高 H_2	背长 L_2	尺寸级差 ΔS	靠背倾角 β	座面倾角 α
扶手椅	400 ~ 480	≥ 480（扶手内宽 B_2）	200 ~ 250	≥ 350	10	95° ~ 100°	1° ~ 4°
靠背椅	340 ~ 460	≥ 400（座前宽 B_3）	—	≥ 350	10	95° ~ 100°	1° ~ 4°
折椅	340 ~ 440	340 ~ 420（座前宽 B_3）	—	≥ 350	10	100° ~ 110°	3° ~ 5°

长方凳、方凳和圆凳尺寸（单位：mm）　　　表 4-4

凳子种类	座深 T_1	凳面宽（或直径）B_1（或 D_1）	尺寸级差 ΔS
长方凳	≥ 240	≥ 320	10
方凳	≥ 300	≥ 300	10
圆凳	—	≥ 300	10

沙发及休闲椅主要在休息时使用，因此从舒适性的角度将座深加大，一般座深在 480 ~ 600mm（表 4-2）。

（2）座宽

座宽指座面的横向宽度。由于椅子的种类不同，在座位宽度的设计上也有所不同，一般情况下长方凳、方凳和圆凳座宽较小，其中长方凳座宽 ≥ 320mm、方凳和圆凳座宽 ≥ 260mm。

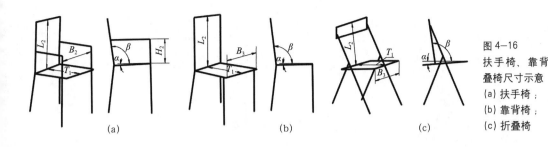

图 4-16
扶手椅、靠背椅和折叠椅尺寸示意
(a) 扶手椅；
(b) 靠背椅；
(c) 折叠椅

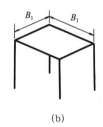

图 4-17
长方凳、方凳和圆凳尺寸示意
(a) 长方凳；
(b) 方凳；
(c) 圆凳

而对于有扶手的椅子，座面宽度还应考虑到人体臀部的宽度、衣服的厚度和一定宽度的空间活动余量，即：

$$B=L_1+L_2+L_3 \qquad (4-3)$$

式中：B——座面宽度（扶手间距）；

L_1——人体肩宽；

L_2——衣物厚度；

L_3——活动余量，一般为 60mm。

根据人体情况的差异性，座宽通常以女性臀部宽度尺寸的第 95 百分位进行设计，以满足多数人的使用需要。如图 4-18 所示，座面太窄，手臂将往里收紧，不能自然放置；座面太宽，手臂需要向外扩张，同样不能自然放置。如果是多人位扶手椅还需要考虑肘与肘的宽度。

《家具 桌、椅、凳类主要尺寸》GB/T 3326—2016 中规定靠背椅座位前沿宽≥ 400mm；扶手椅内宽≥ 480mm；折椅座前宽 340 ~ 420mm。

《软体家具 沙发》QB/T 1952.1—2012 规定单人沙发座前宽≥ 480mm。

3. 重量分布

当一个人坐在椅子上，他身体的重量并非全部集中于整个臀部，而是在两块坐骨的小范围内。如图 4-19 所示，为座椅上的压力分布，每一根线代表相等的压力分布，从坐

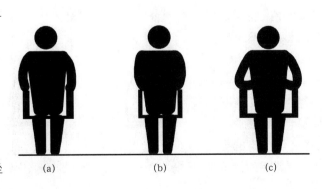

图 4-18
扶手椅座宽
(a) 座宽适中；
(b) 座宽过窄；
(c) 座宽过宽

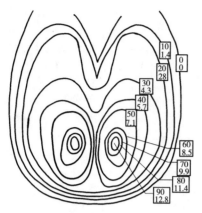

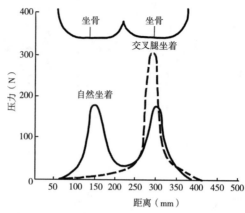

图 4—19
座椅上的压力分布

骨结节下的最大值 $90g/cm^2$ 至最外边的 $10g/cm^2$。

为了缓解久坐造成的不适,可以在座面加设坐垫。坐垫可以增加接触面,从而减小压力分布的不均匀性。一般坐垫的高度为 25mm,沙发座面的下沉量以 70mm 为宜,中大型沙发座面下沉量可达 80 ~ 120mm。太软太高的坐垫将会造成身体不平稳。

4. 座面倾角

座面倾角是指座面与水平面的夹角。通常椅子座面需向后倾斜,一是防止臀部滑落,二是减轻坐骨结节点的压力。座面后倾角越大,靠背分担座面的压力比例就越高。

但是并不是所有类型的椅子都需要较大的座面倾角,需要根据椅子用途适当调节角度值。如工作椅,座面倾角不宜过大,因为作业空间一般在身体前面,座面倾斜角度越大,将会造成身体前倾越大,破坏正常的腰椎曲线,更容易产生疲劳,如图 4—20 所示。

一般情况下,工作椅座面倾角在 0 ~ 5°,这是比较舒适的办公角度,但这个角度并不适合休息。为此,一些新型办公椅在设计上充分考虑到多用途,通过座椅调节来改变座面倾角、座面高度、靠背等尺寸,满足各类人群的不同需求。

餐椅的座面倾角比较特殊,通常是水平的。虽然餐椅使用时间不长,但人在用餐时胸腔和腹腔要保证正常状态,前倾或是后倾的座面都会影响消化功能,同时吃饭的过程也将受到一定的影响。表 4—5 列举了座椅类家具常用的倾角值。

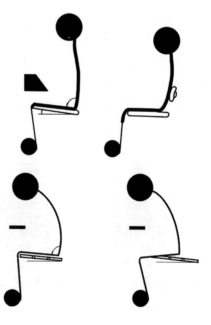

图 4—20
座面倾角形成的不同姿势

座椅类家具常用的倾角值	表 4-5
椅凳类家具种类	座面倾角 /（°）
餐椅	0
工作椅	0 ~ 5
休息用椅	5 ~ 23
躺椅	≥ 24

5. 扶手

入座的人可以将手臂搭放在扶手上，以减轻两臂的负担，有助于上肢肌肉的休息。另外，扶手可以辅助人入座或起身，起到身体支撑作用，特别对于老年人十分重要。

扶手的高度与舒适度有着密切的关系。扶手过低，两肘不能自然落靠，起不到上肢休息的作用，反而加重上肢肌肉的劳累感；扶手过高，人的肘部被架起，同样不舒适，如图 4-21 所示。因此，座椅扶手的高度依据第 50 百分位的坐姿肘高来确定，一般扶手与座面的距离以 200 ~ 250mm 为宜，并且随着座面倾角与靠背斜度而倾斜。

图 4-21
扶手高度

6. 靠背

椅子的靠背能够缓解体重对臀部的压力，减轻腰部、背部和颈部肌肉的紧张程度。

（1）靠背倾角

靠背倾角指靠背与座位之间的夹角。倾角越大，椅子的休息程度就越高。身体向后仰，身体的负载移向背部的下半部和大腿部分，当倾角为 180° 时，就变成了一张床。但工作用椅倾角不宜过大，会带来工作上的不舒适。常见椅凳类家具靠背倾角见表 4-6。

常见椅凳类家具靠背倾角	表 4-6
椅凳类家具种类	靠背倾角 /（°）
餐椅	90
工作椅	95 ~ 115
休息用椅	110 ~ 130
躺椅	115 ~ 135

（2）腰靠和肩靠

有的座椅可以支撑腰部和肩部。一般来说，靠背的压力分布在肩胛骨和腰椎两个部位，被称为靠背的"两个支撑"，如图 4-22 所示。

因为人的肩胛骨分为左右两块，所以两个支撑实际上是两个支撑位和三个支撑点。其中上部支撑点为肩胛骨部位提供凭靠，称为肩靠；下部支撑点为腰曲部分提供凭靠，称为腰靠。如果座椅不设计腰靠，那么人入座后腰骶部基本处于悬空状态，久坐将有不舒适感。

靠背椅设计时要注意靠背倾角与支撑点高度的关系，经研究总结得出表4-7、图4-23所示的背部支撑位置与角度关系。

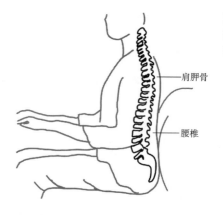

图4-22
椅子靠背的两个支撑点的位置

背部支撑位置与角度

表4-7

支撑点	条件	上体角度 (°)	上部		下部	
			支撑点高 (mm)	支撑面角度 (°)	支撑点高 (mm)	支撑面角度 (°)
一个支撑	A	90	250	90	—	—
	B	100	310	98	—	—
	C	105	310	104	—	—
	D	110	310	105	—	—
两个支撑	E	100	400	95	190	100
	F	100	400	98	250	94
	G	100	310	105	190	94
	H	100	400	110	250	104
	I	100	400	104	190	105
	J	100	500	94	250	129

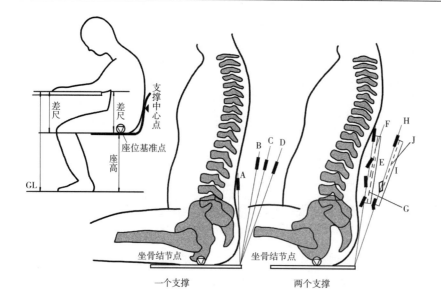

一个支撑　　　　两个支撑

图4-23
良好的背部支撑位置

视频6
座椅的功能尺寸（二）

选择"一个支撑"或是"两个支撑"以及支撑位置应根据座椅的用途来确定，对于有特殊要求的座椅除了上述腰靠和肩靠外还需要对颈部和头部进行支撑和保护，如图4—24所示。颈枕应处于颈椎点，一般应不小于660mm。

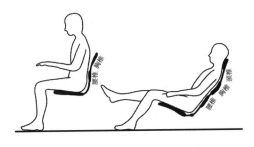

图 4—24
靠背支撑形式

（3）靠背的尺寸

对于工作椅，人的肘部会经常碰到靠背，所以靠背宽度以不大于325～375mm为宜。

靠背高度根据椅子功能而定。一般靠背椅设置的肩靠应低于肩胛骨下沿，高约为460mm。这个高度也便于转体时舒适地将靠背夹在腋下。

在《家具　桌、椅、凳类主要尺寸》GB/T　3326—2016中规定了椅子背长的尺寸，详见表4—3。

（4）侧面轮廓

侧面轮廓对座椅设计十分重要，它是体现座椅舒适度的关键。如图4—25所示，左面为普通座椅，右侧为休息椅。在椅子的设计过程中必须进行实验，以确定座椅的侧面轮廓是否符合使用要求。椎间盘内压力和肌肉疲劳是引起不适感觉的主要原因。因此，座椅的侧面轮廓若能降低椎间盘内的压力和肌肉负荷，并使之降到尽可能小的程度，从而获得最大的舒适度。

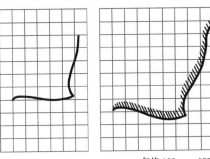

每格 100mm×100mm

图 4—25
座椅的侧面轮廓

对于有软垫的椅子，其侧面轮廓是指人坐下后产生的效果。如图4—26所示，左侧显示为软垫良好的椅子，无论之前椅子的侧面如何，当人入座后靠背、座面的侧面轮廓与人体各部分相契合；而右侧为软垫不良的座椅，即使椅子的侧面再完美，但当人入座后的效果不能满足人体各部位的支撑需要，那么设计也是失败的。

7. 常用座椅功能尺寸分析

（1）工作椅

工作椅主要用于工作场所，设计时要考虑座椅的舒适性、人体活动性、操作灵活性等。在我国国标

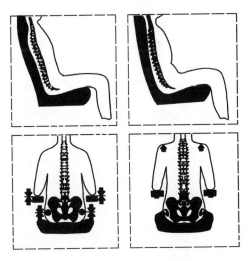

图 4—26
软座椅子的侧面轮廓
和支撑性

《工作座椅一般人类功效学要求》GB/T 14774—1993 中对工作椅的设计提出了以下要点：

1）工作椅的结构形式尽可能与坐姿工作的各种操作活动相适应，能够满足操作者在工作过程中保持身体舒适、稳定并能准确控制与操作。

2）座高和腰高可调节。座高范围为 360 ～ 480mm。

3）座宽要满足臀部的宽度，宜为 370 ～ 420mm。

4）座深应保证臀部的完全支撑，在腘窝不受压的条件下，靠背部容易获得腰椎的支托。座深宜为 360 ～ 390mm。

5）工作椅腰靠结构应具有一定的弹性和足够的刚性。腰靠倾角一般为 95° ～ 115°。

6）座面倾角为 0° ～ 5°，推荐值为 3° ～ 4°。

7）工作座椅可调节部分结构必须易于调节，并且在使用过程中不会改变调节后的效果。

8）工作座椅外露的零部件不得有尖锐棱角或是挤压、剪钳等，以免伤人。

9）无论操作者坐在座椅前部、中部或是后部，工作座椅座面和腰靠结构均应使其感到安全、舒适。

10）工作座椅一般不设扶手。如需要安装扶手，要保障操作者工作中的活动安全性。

11）工作座椅的结构材料和装饰材料应耐用、阻燃、无毒。座垫、腰靠、扶手的覆盖层应使用柔软、防滑、透气性好、吸汗的不导电材料制造。

《工作座椅一般人类功效学要求》GB/T 14774—1993 中关于工作椅的主要参数见表 4-8，其参数意义及结构形式如图 4-27 所示。

工作座椅主要参数　　　　　　　　　　　　　表 4-8

参数	符号	数值
座高	a	360 ～ 480mm
座宽	b	370 ～ 420mm 推荐值 400mm
座深	c	360 ～ 390mm 推荐值 380mm
腰靠长	d	320 ～ 340mm 推荐值 330mm
腰靠宽	e	200 ～ 300mm 推荐值 250mm
腰靠厚	f	35 ～ 50mm 推荐值 40mm
腰靠高	g	165 ～ 210mm
腰靠圆弧半径	R	400 ～ 700mm 推荐值 550mm
倾覆半径	r	195mm
座面倾角	α	0° ～ 5° 推荐值 3° ～ 4°
腰靠倾角	β	95° ～ 115° 推荐值 110°

如图 4-28 所示，为靠背办公座椅、工作面、踏脚的配合尺寸示例。

（2）休息椅

休息椅的设计重点在于使人得到最大的舒适感，消除紧张和疲劳。

休息椅设计要点如下：

1）为了防止臀部前滑，座面应后倾。后倾角度一般为 5°～23°，休息程度越高，倾角越大。

2）靠背倾角角度，相对于水平面为 110°～130°。

3）靠背应提供腰部的支撑，可降低脊柱所产生的紧张压力。垫腰的凸缘应在第三腰椎骨与第四腰椎骨之间的部位，即顶点高于座面后缘 100～180mm。垫腰的凸缘有保持腰椎柱自然曲线的作用。

4）如果配备脚踏，脚踏高度应接近座高。

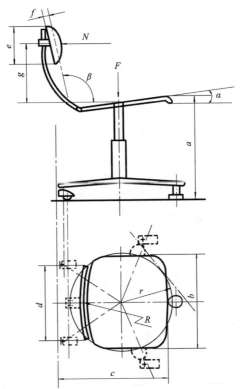

图 4-27
工作椅的结构形式及参数

休息椅可分为轻度休息椅、中度休息椅和高度休息椅。轻度休息椅的功能设计尺寸如图 4-29 所示，座面高 330～360mm，座面倾角 5°～10°，靠背倾角 110°。

如图 4-30 所示，为中度休息椅功能设计尺寸，腰部位置较低。

如图 4-31 所示，为高度休息椅功能设计尺寸，靠背倾角较大，一般有头靠和脚凳。

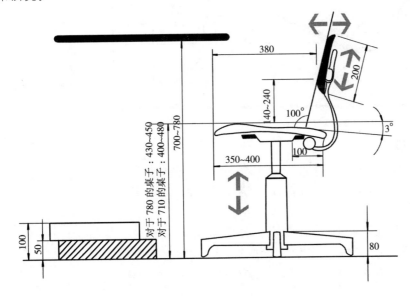

图 4-28
靠背办公座椅、工作面、脚踏的配合尺寸（单位：mm）

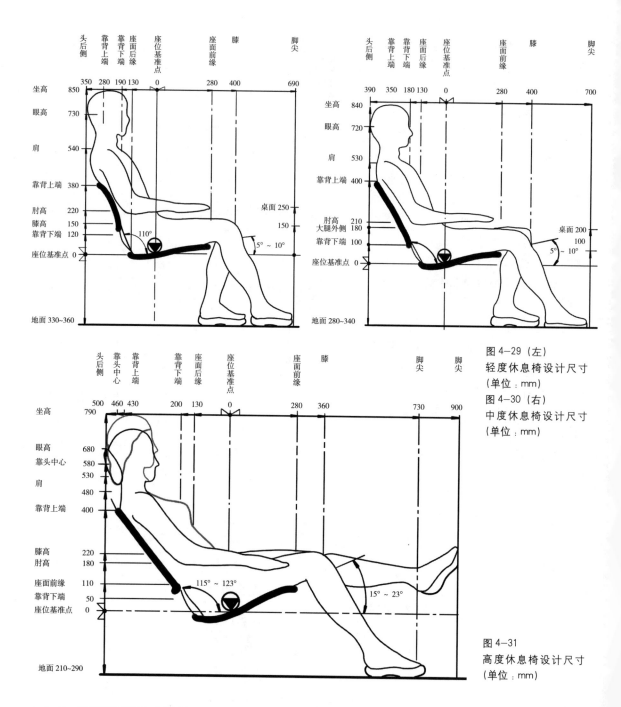

图 4-29（左）
轻度休息椅设计尺寸
（单位：mm）

图 4-30（右）
中度休息椅设计尺寸
（单位：mm）

图 4-31
高度休息椅设计尺寸
（单位：mm）

4.1.3 床的功能尺寸设计

休息的最好方式无疑是睡眠，每个人一生大约有 1/3 的时间在睡眠。睡眠是为更好地、更充沛地去进行日常活动，因而与睡眠紧密相关的床就显得尤为重要。

1. 睡眠的生理机制

睡眠的生理机制十分复杂，可以简单把睡眠描述为人的中枢神经系统兴奋与抑制调节产生的现象。日常生活中，人的精神系统总是处于兴奋的状态，到了夜晚，为了使人的机体得到休息，中枢神经通过抑制精神系统的兴奋性使人进入睡眠。休息的好坏取决于精神抑制的深度，也就是睡眠的深度。

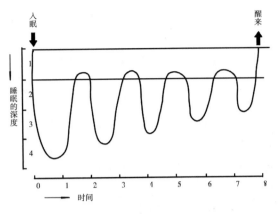

图 4-32
睡觉的时间变化

如图 4-32 所示，通过对人的生理测量获得的睡眠过程变化中发现，人的睡眠深度不是始终如一的，而是具有周期性变化。

睡眠质量的客观指标主要有两点：第一，对睡眠深度的生理量测量；第二，对人的睡眠研究发现，人在睡眠时身体也在不断地运动，并且睡眠深度与活动的频率有关，频率越高说明睡眠深度越浅，如图 4-33 所示。

图 4-33
睡眠时的运动

2. 床的长度

在床的长度设计上要考虑使用者的身高、肢体伸展活动、头顶和脚下预留的空余空间等因素。因此床的长度尺寸要比人的身高长一些，如图 4-34 所示。床长为：

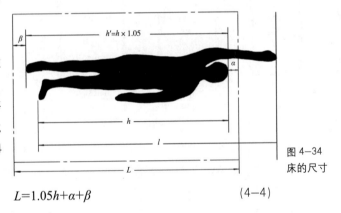

图 4-34
床的尺寸

$$L=1.05h+\alpha+\beta \qquad (4-4)$$

式中：L——床长；

α——头顶余量，常取 100mm；

β——脚下余量，常取 50mm；

h——平均身高。

《家具　床类主要尺寸》GB/T 3328—2016 中规定床面长度为 1900 ～ 2200mm。从舒适度上考虑，床的长度宜为 2000mm 或 2200mm。宾馆的公用床，一般脚部不设床架，便于特高人体的客人加接脚凳使用。

3. 床的宽度

床的宽度的设计并不像其他家具完全需要依照人体外轮廓尺寸而定，床的宽度要比人体轮廓大很多，原因有二：第一，人在睡眠过程中不是完全不动的，因此床需要留有人睡眠活动的空间；第二，越宽敞的床越有利于睡眠。如

图 4-35 所示，科学家针对床的宽度与睡眠的关系进行了研究发现，470mm 宽度虽然大于人体的宽度尺寸，但睡眠深度并不理想。700mm 床宽显然要比 470mm 睡眠质量高很多，当然在日常生活中 700mm 的床宽同样过于狭窄。

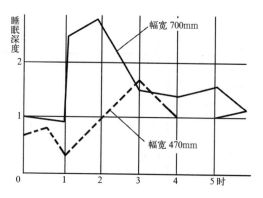

图 4-35
床的幅宽与睡眠的深度

床的合理宽度应为人体仰卧时肩宽的 2.5～3 倍。即床宽为：

$$B = (2.5 \sim 3) W \qquad (4-5)$$

式中：B——床宽；

W——成年男子平均最大肩宽（我国成年男子的平均最大肩宽为 431mm）。

《家具 床类主要尺寸》GB/T 3328—2016 中规定：

单人床宽度为 700、800、900、1000、1100、1200mm；

双人床宽度为 1350、1500、1800、2000mm。

如图 4-36 所示，为常用床的长宽尺寸。

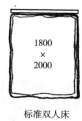
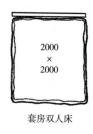

| 800×2000 | 1200×2000 | 1500×2000 | 1800×2000 | 2000×2000 |
| 单人床 | 小双人床 | 双人床 | 标准双人床 | 套房双人床 |

图 4-36
各类型床尺寸
（单位：mm）

4. 床的高度

床的高度指床面距地面的垂直高度。床铺以略高于使用者的膝盖为宜，一般不高于 450mm。床的高度并不是完全绝对的，医院的床较家庭用床要高一些，便于病人上下床；宾馆的床也会略高，便于清洁人员打扫。

对于宿舍中的双层床，层间净高必须保证下铺使用者在就寝和起床时有足够的动作空间。但下铺空间也不宜过高，否则上铺使用空间将不足。《家具床类主要尺寸》GB/T 3328—2016 中规定了双层床的主要尺寸，见表 4-9、图 4-37 所示。

双层床主要尺寸（单位：mm）　　　　　　表 4-9

床铺面长 L_1	床铺面宽 B_1	底床面面高 H_2 不放置床垫（褥）	层间净高 H_3 放置床垫（褥）	层间净高 H_3 不放置床垫（褥）	安全栏板缺口长度 L_2	安全栏板高度 H_4 放置床垫（褥）	安全栏板高度 H_4 不放置床垫（褥）
1900～2020	800～1520	≤ 450	≥ 1150	≥ 980	≤ 600	床褥上表面到安全栏板的顶边距离应不小于 200	安全栏板的顶边与床铺面的上表面应不小于 300

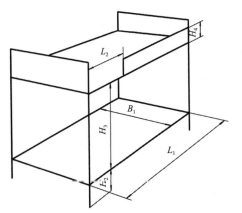

图 4-37（左）
双层床主要尺寸示意
图 4-38（右）
明式床屏

5. 床屏

床屏是置于床前的屏风。在中国传统家具中，床屏几乎将床整个包围住，让使用者具有安全感、温暖感，如图 4-38 所示。在现代床的设计中，床屏成为床的视觉中心，它多样的风格和华美的造型为卧室空间增添了光彩。除了美观外，床屏也起到了对人体腰部、背部、肩部、颈部、头部等部位的支撑作用，使用者可坐靠在床屏处休息、看书、聊天。

6. 床面材料

床的柔软程度取决于床面材料。在设计床面材料时要注意体压分布，体压均匀分布，使用者会感到很舒适。图 4-39 为身体重量压力在床面的分布情况，集中在几个小区域，造成肌肉受力不适，局部血液循环不好。

如果睡太硬的床，体压不均匀；如果睡太软的床，由于重力作用腰部会下沉，造成腰椎曲线变直，背部和腰部肌肉受力，产生不舒适感，进而影响睡眠质量。因此，床面材料应在提供足够柔软性的同时，保持整体的刚性。

4.1.4 坐卧类家具设计

在了解了坐卧类家具功能尺寸的基础上，我们共同来解析坐卧类家具的设计。

1. 巴塞罗那椅

巴塞罗那椅是设计师密斯·凡·德罗在 1929 年巴塞罗那世界博览会上的经典之作，为了欢迎西班牙国王和王后而设计。它由弧形交叉状的不锈钢构架支撑真皮皮垫，优美且舒适。两块长方形皮垫组成座面（坐垫）及靠背，如图 4-40 所示。

巴塞罗那椅尺寸规格分为四种。单人位：$W750mm \times D760mm \times$

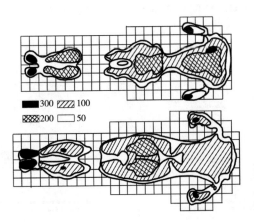

图 4-39
床面软硬不同的压力
分布（单位：kg/mm²）

300 100
200 50

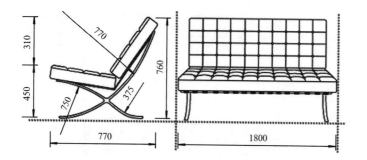

图 4-40
巴塞罗那椅（单位：mm）

H800mm；双人位：W1520mm × D760mm × H800mm；三人位：W1820mm × D760mm × H800mm；脚踏：W650mm × D620mm × H450mm（注：W 长，D 宽，H 高）。

2. 柯布西耶躺椅

柯布西耶躺椅又称LC4，是设计师勒·柯布西耶在1929年设计完成的，是一个贴合人体曲线的设计，可以自由地倾斜，随意改变脚抬起的高度，如图 4-41 所示。

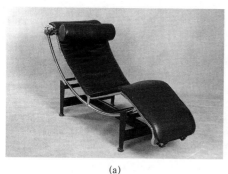
(a)

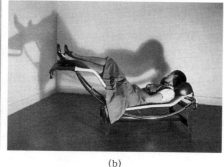
(b)

图 4-41
柯布西耶躺椅

3. 旋转餐椅

旋转餐椅又称LC7,是设计师勒·柯布西耶在1929年设计完成的,如图 4-42 所示。旋转餐椅让我们在使用普通餐椅时不方便的一系列活动变得轻松。如图 4-43 所示，旋转餐椅特别适合空间较小的用餐环境，通过椅子的自身旋转便于使用者入座或离席。

图 4-42
旋转餐椅

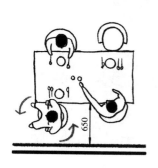

图 4-43
旋转餐椅与用餐空间
（单位：mm）

4. LC2 沙发

LC2 沙发是设计师勒·柯布西耶、吉纳瑞特、夏洛特·贝里安在 1929 年设计完成的，如图 4-44 所示。

由于座面高度达到 475mm，对于一些人来说座高略高，甚至脚不能接触到地面。为此可以考虑将上面坐垫拿掉，让座高降低到 300mm 左右，而坐垫摇身一变成为地垫，在家庭会客时也是不错的家具组合。

5. 云朵椅

云朵椅是查尔斯·伊姆斯和蕾·伊姆斯 1948 年的设计作品。灵感来源于雕塑"漂浮物"中的女性形态，呈现出云朵一样的形状。躺椅的主体由五根金属管支撑，呈现出飘逸的漂浮感，如图 4-45 所示。

云朵椅除了优美、轻盈的造型外，还兼具实用性，一个人可以躺，两个人也可以同时坐，如图 4-46 所示。

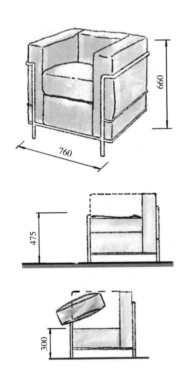

视频 7
坐卧类家具设计

图 4-44（左）
LC2 沙发
（单位：mm）
图 4-45（右上）
云朵躺椅
图 4-46（右下）
两人用云朵椅

■ **任务实施**

1. 任务内容：座椅类家具设计。

2. 任务要求：

（1）拟定三个设计方向：工作椅、休息椅、沙发。选择其一进行设计。

（2）设计风格不限，需要拟定使用者、使用地点等限定条件。

（3）功能尺寸数据参照任务 4.1 中相关内容。

（4）在满足功能设计的基础上要兼顾造型设计。

（5）提交文件说明（以下文件需要 A4 图纸制作并装订封皮）：

1）设计说明；

2）设计草图；

3）家具设计图（三视图、轴测图）；

4）家具效果图（不少于两个角度）。

任务4.2　桌台类家具功能尺寸设计

■　任务引入

桌台类家具主要包括桌、几、案、台等，是与人体密切相关的家具类别。在还没有椅凳类家具的席地而坐时期（从商周时期到春秋战国之前），桌台类家具已经成为百姓人家的常见物品。随着家具的历史发展与演变，人们也从席地而坐过渡到垂足而坐，桌台类家具也从低矮向高宽发展，每一次的变化代表着人们生活方式的改变。本节通过各种工作作业姿势探究桌台类家具功能尺寸设计。

■　知识链接

桌台类家具功能尺寸主要问题来源于工作面高度。其次，根据工作活动范围和放置物品情况确定其长度与宽度。

4.2.1　工作面高

无论是坐着工作还是站立工作，桌台类家具工作面高度如果设计不合理将会影响使用者的工作姿势，从而引起身体的扭曲，造成腰疼、颈部疼痛等问题。这里需要强调，工作面高度不等于桌面高度，因为工作物件本身也是有高度的。如键盘的高度一般在 200 ~ 450mm，工作面是指手的活动面，为此在原桌面高度的基础上还需加入键盘的高度。可见工作面高度设计需要依据人体基本情况、作业性质、作业姿势等多方因素来确定。

1. 肘部高度

工作面高度应由人体肘部高度来确定，一般工作面在肘下 25 ~ 76mm 为宜。由于不同人肘部高度是不一样的，因此需要结合使用者人体基本情况确定工作面高度。研究者对4062 个人进行统计研究发现，人的肘部高度是人体高度的 63%，如图 4-47所示。

2. 能量消耗

有人对烫衣板高度与工作人员生理方面的关系做了实验研究。实验中使用了人的能量消耗（kW）、

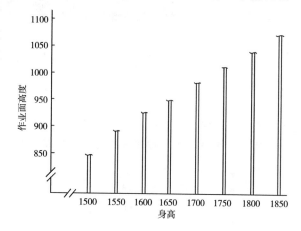

图 4-47
身高与作业面高度
（单位：mm）

心跳次数、呼吸次数等指标。多数受实验者选择烫衣板距肘下 150mm 为宜。如果把烫衣板置于距肘下 250mm，出现了受实验者呼吸情况稍有变化的现象。

还有人对不同高度的搁架做过实验研究。实验中使用了距地面以上 100、300、500、700、1100、1300、1500 和 1700mm 的不同搁架。实验结果表明，最佳的搁架高度是距地面 1100mm。这个高度即为高出人体肘部 150mm。受测试者使用这个高度的搁架，能量消耗最小。其他一些人的类似实验都一致指出，当搁架高度低于肘部时，随着搁架高度的下降，人的能量消耗增加较快。这是由于人体自身的重量造成的。

3. 作业技能

作业面的高度影响人的作业技能。一般认为，手在身前作业，肘部自然放下，手臂内收呈直角时，作业速度最快，即这个作业面高度最有利于技能作业。但另一个对食品包装的研究与以上观点稍有不同。如图 4-48 所示，当手臂在身体两侧外展角度为 8°～23°，前臂内收平放在工作台上时，食品包装的作业效能最高，即包装速度快，质量好，而且人体消耗的能量也随之减少。如果座椅太低，上臂外展角度达 45° 时，肩承受了身体的平衡重量，将导致肌肉疲劳，作业效能下降，人体能耗增加。

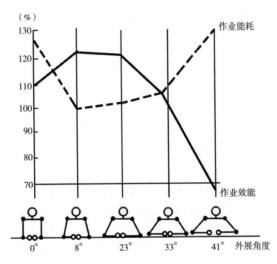

图 4-48
上臂姿势对作业效能和能耗的影响

4. 头的姿势

作业时，人的视觉注意的区域决定头的姿势。头的姿势处于舒服状态，视线与水平线的夹角应为：坐姿时 32°～44°、站姿时 23°～34°。

只要头部是垂直或向前稍有倾斜，颈部不会感到疲劳。研究者对人阅读和书写时的姿态进行统计发现，平均视角为头向下倾斜离垂直位置 25°。

5. 站立作业

站立工作时，工作面的高度决定了人的作业姿势。工作面过高，人将抬肩作业；工作面过低，人将弯腰低头作业。两种不合适的工作面高度将会给使用者带来身体上的不适和疾病的发生。一般认为，站立作业的最佳工作面高度为肘高以下 50～100mm。结合男女身高情况得出：男性的最佳工作面高度为 950～1000mm；女性的最佳工作面高度为 880～980mm。但是，以上数据并不能最终确定工作面高度，还需要结合作业性质共同判断。

将工作性质分为三类，精密作业、一般作业和重负荷作业。如图 4-49 所示，为三种工作面的推荐高度，图中零位线为肘高。

(1) 精密作业：以绘图工作为例。工作面应上升到肘高以上50～100mm，以适应眼睛的观察距离。同时，肘部在工作面上处于向外张开姿势，可以给肘关节一定支撑，减轻背部肌肉的静态负荷。

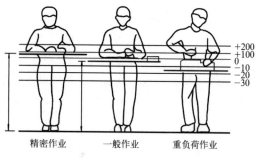

图 4—49
站姿工作面高度与作业性质的关系（单位：mm）

(2) 一般作业：如果工作台需要放置工具、材料等，台面高度宜为肘高以下50～150mm。

(3) 重负荷作业：需要考虑工作面上放置物体的大小和操作时用力的大小。如果工作面需要放置较大物品（如放置木工车床、木工带锯等机器设备），工作台面要低一些，如果操作需要用较大的力（如推台锯工作面），工作台面同样要设置得低一些，以便用身体的重力操作，如图4—50所示。

工作性质的不同决定了站立作业时工作面高度设计的不同。但无论是何种工作性质，在设计时需要以身高较高的人作为参考依据，身高较矮的人可通过加设垫脚台等来满足作业高度要求。

6. 坐姿作业

对于一般的坐姿作业，作业面的高度仍在肘高以下50～100mm比较合适。在座椅高度相等的情况下，桌面过低会造成弯腰或视距过远看不清等情况；桌面过高会将肘部抬高，肩部压力过大，如图4—51所示。

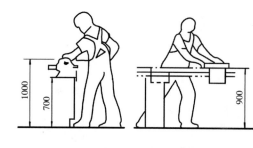

脑供血不足反应变慢
颈椎受压迫
脊柱失去弹性
腰椎间盘受损
腰腹部赘肉加速滋生

图 4—50（左）
需要用力的工作台面的设计（单位：mm）
图 4—51（右）
桌子适宜高度示意

桌面高度是否合适取决于椅面与桌面的距离和桌下腿的活动空间。前者影响人腰部姿势；后者决定腿是否舒适。见表4—10、图4—52所示，我国国家标准《家具 桌、椅、凳类主要尺寸》GB/T 3326—2016中规定在座高 (H_1) 为400～440mm的情况下，桌面高度 (H) 为680～760mm，桌面与椅凳座面配合高差 ($H-H_1$) 为250～320mm。

桌面高、座高、配合高差（单位：mm）　　　　　　表 4—10

桌面高 H	座高 H_1	桌面与椅凳座面配合高差 $H-H_1$	中间净空高与椅凳座面配合高差 H_3-H_1	中间净空高 H_3
680～760	400～440	250～320	≥200	≥580

注：当有特殊要求或合同要求时，各类尺寸由供需双方在合同中明示，不受此限。

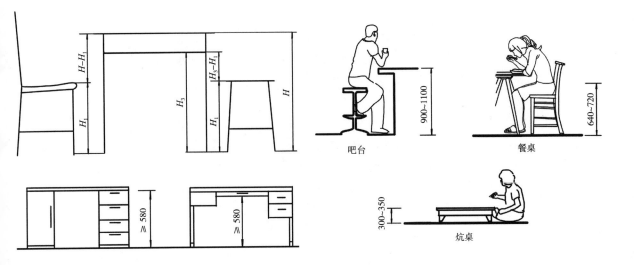

设计时要保证人在使用过程中腿部有足够的活动空间，如果桌面下需要安装抽屉或柜子，则根据椅面与桌面高差情况选择桌子两侧设置或是将抽屉等部件尺寸缩小，以免占用腿部空间，如图4-53所示。

一般写字台高约为740～780mm，餐桌高约为700～720mm，吧台高约为900～110mm，炕桌高约为300～350mm，茶几高度应根据沙发而定，约为300～450mm，如图4-54所示。

7. 坐立交替式作业

坐立交替式作业是工作者在作业区内，既可坐也可站立。如图4-55所示，为一个坐立交替式作业的机床设计，有关尺寸如下：

(1) 膝活动空间：300mm×650mm；

(2) 作业面至椅面：300～600mm；

(3) 作业面：1000～1200mm；

(4) 座椅可调范围：800～1000mm。

这种工作方式很符合生理学和矫正学的观点。坐姿解除了站立时人的下肢的肌肉负荷，而站立时可以放松坐姿引起的肌肉紧张，坐与站各导致不同肌肉的疲劳和疼痛，所以坐立之间的交替可以解除部分肌肉的负荷，坐立交替还可以使脊椎的椎间盘获得放松。

如图4-56所示，办公桌采用电动升降桌腿设计，通过按钮调控桌面高度，满足坐立交替工作需要。

图4-52（左上）
椅面与桌面的距离
图4-53（左下）
腿部空间高度
（单位：mm）
图4-54（右）
吧台、餐桌和炕桌高度（单位：mm）

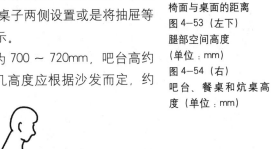

吧台　　餐桌

炕桌

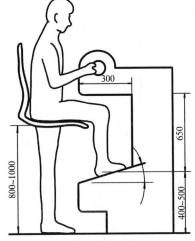

图4-55
坐立交替式作业的设计
（单位：mm）

图4-56
可升降的办公桌

8. 斜面作业

在实际的工作中，头的姿势很难保证处在最健康、舒适的范围内（8°~22°），长时间的读书或写字，难免会使头向下低，脊背弯曲。为了使头部、脊柱能保持在较为舒适的状态，工作面将做倾斜处理。常见的斜面工作台有绘图桌、学生课桌等。

如图 4-57 所示，设计师常常需要伏案绘图，并且很多时候图纸图幅都比较大，为此，带有倾斜角度的绘图桌非常受设计师们的青睐。在图中，展示了使用者的工作姿势，通过调研发现最舒适、合理的身体弯曲为 7°~9°，头的倾角为 29°~33°。但是如果工作面位置较低，绘图者必须将身体前屈。因此，为了适应不同的使用者身高和工作要求，绘图桌高度和桌面角度应采用可调节的设计。

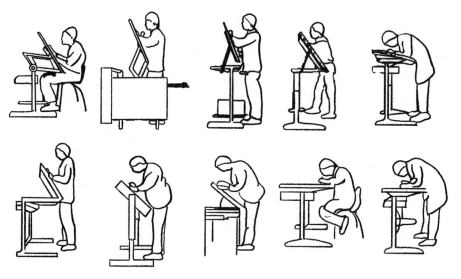

图 4-57
桌面角度与人体姿态的关系

建议绘图桌设计注意以下要求：

（1）桌面前缘高度在 650~1300mm 内可调；

（2）桌面倾斜角度在 0~75° 内可调。

在学生课桌设计中，国外学者 Bridger 发现，与水平工作面相比，工作面倾斜 15° 后，头颈的弯曲减少，躯干更挺直，如图 4-58 所示。但是，倾斜桌面也有弊端，那就是放置在桌面上的物品，由于受到了倾角的影响会造成滑落，为此，具有倾斜角度的桌面在末端都会设置防止物品掉落的挡板。

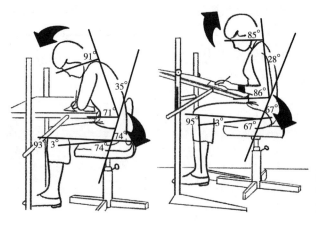

图 4-58
倾斜 15° 工作面与水平工作面对身体的影响

4.2.2 工作面宽度与深度

工作面宽度取决于肩宽和人在坐姿状态下上肢的水平活动范围。工作面深度主要以人在坐姿状态下上肢的水平活动范围为依据。研究表明，人在水平面内的通常作业域为390mm，但这个尺寸在日常工作生活中是不够的。工作面尺寸还要根据功能要求和所放置物品的多少及其尺寸的大小来确定。如办公桌，太小不能保证足够面积放置物品，从而不能有效地开展工作；太大超过了手所能到达的范围，使用过程中将带来不便，但带有万向轮的椅子可以解决桌面过宽的问题，而桌面深度过大，将可能造成桌面空间的浪费，如图4-59所示。

餐桌在功能尺寸设计上也十分重要。常见的餐桌形式有圆形、方形和长方形。圆形餐桌可满足多人用餐的需要，并且在中国传统思想里圆代表团团圆圆，围坐在一起用餐，无论在任何角度都能看到同桌人的脸，但对于多人用餐的圆形餐桌其占地面积较大，对空间的要求较高；方形餐桌主要提供两人或四人用餐，餐桌不宜太大，适用于较为狭窄的空间；长方形餐桌无论是人数还是空间利用率都相对较高，也是家庭中常见的餐桌形式，如图4-60所示。

无论是办公用桌还是餐桌，如果同一个工作台面上需要两个人共同使用时，除了考虑工作面水平面尺寸外，还需要兼顾桌下空间的安排。如图4-61所示，桌子在宽度尺寸的设计上满足了需要，但桌腿间距显然对于两个人的使用过于狭小。为此，在不更改桌面水平面尺寸的情况下，通过腿部空间位置的重新划分来解决桌下空间狭小的问题，如图4-61所示。

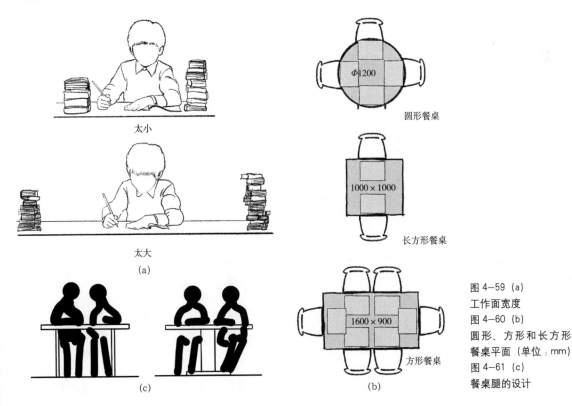

太小

太大

(a)

(c)

圆形餐桌

$\Phi 1200$

长方形餐桌

1000×1000

方形餐桌

1600×900

(b)

图4-59（a）
工作面宽度
图4-60（b）
圆形、方形和长方形
餐桌平面（单位：mm）
图4-61（c）
餐桌腿的设计

4.2.3 桌台类设计

在了解了桌台类家具功能尺寸的基础上，共同来解析桌台类家具的设计。

1. High and Low Table 可以反转的餐桌

High and Low Table 是一款可以反转的餐桌，设计师为艾琳·格瑞，如图4-62所示。High and Low Table 精妙之处在于它的多功能性，既是700mm高的餐桌，也可成为400mm高的茶几。整个变形过程，只需要反转桌面，再把餐桌的框架放倒即可完成。

2. Ospite 桌

很多情况下，空间的大小限制了家具的使用，为此，可以伸缩的家具成了小空间大需求的不二之选，Ospite 就是这样的一款可伸缩的餐桌，设计师为夏洛特·贝里安。此款餐桌可以在1750～3000mm的范围内自由缩放。

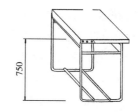
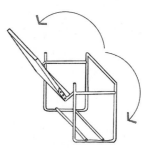
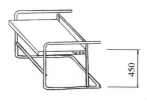

图 4-62
多功能餐桌设计
（单位：mm）

如图4-63（a）所示，贝里安设计的延伸式餐桌，可以把桌面收入餐桌一侧的箱内。如图4-63（b）所示，展示了最小尺寸，虚线位置为餐桌收纳箱，此餐桌也可作为办公桌使用。如图4-63（c）（d）所示，餐桌展开后可满足6～8人用餐，桌腿随着餐桌的缩放而移动，3000mm×900mm为桌面最大尺寸。

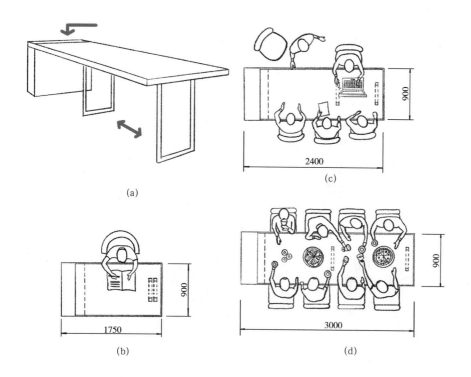

(a)

(c)

(b)

(d)

图 4-63
餐桌延展导致空间变化
（单位：mm）

3. 书桌

书桌是供人读书、写字用的家具，除此之外，还承担了一部分储藏功能，如书、本、文具等的收纳。设计师图卢斯·施雷德、格里特·里特维尔德为伊拉斯谟底层住宅区样板间设计了一款书桌，这款书桌具有强大的储藏功能。两侧设有多组抽屉和开敞式书架，可将常用物品、书籍放置在书桌侧面的储物空间内，便于随时取用，如图4-64 (a) 所示。另外，它还起到了空间分割作用，一部分作为客厅使用，一部分为全家人共享的书房，如图4-64 (b) 所示。

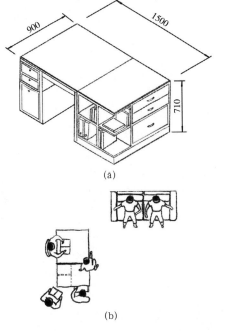

图 4-64
大书桌的替代可能
（单位：mm）

4. E1027 咖啡桌

设计师是艾琳·格瑞，E1027 咖啡桌造型简约、时尚，功能强大。很多人都有过在床上看书、吃东西的经历，如果使用一般的不可移动的床头柜，频繁拿取物品会非常麻烦。E1027 咖啡桌轻盈的造型，可将底部插入床底，桌面探入床内部，使用起来非常方便，如图4-65 所示。

另外，E1027 咖啡桌除作为床头桌使用外，也可与沙发、躺椅等坐卧类家具配合。并且，高度在520～900mm 之间可进行调节，以满足各类坐卧家具的高度要求。

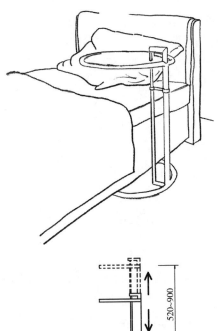

图 4-65
E1027 咖啡桌
（单位：mm）

5. Toy Box

Toy Box 是一套儿童成长型组合家具，设计师是艾诺·阿尔托。儿童成长型家具是随着儿童年龄、身材、行为等方面的发展，而不断重新组合、变化的家具形式。

艾诺·阿尔托设计的可以当书桌的玩具箱由两个架子和一个桌面组成。一般情况下，把两个架子紧贴着并列摆放在一起就可以成为玩具收纳箱。把两个架子分别向左右挪一挪，摇身一变就成了书桌。通过在桌面和架子之间夹放箱子，可以逐步调整高度以适应孩子不同成长阶段的需求，如图4-66（a）所示。另外，根据摆放场所的面积不同，还可以有不同的布局，如图4-66（b）所示。桌面和架子可不做固定，便于灵活地调整方向和高度。

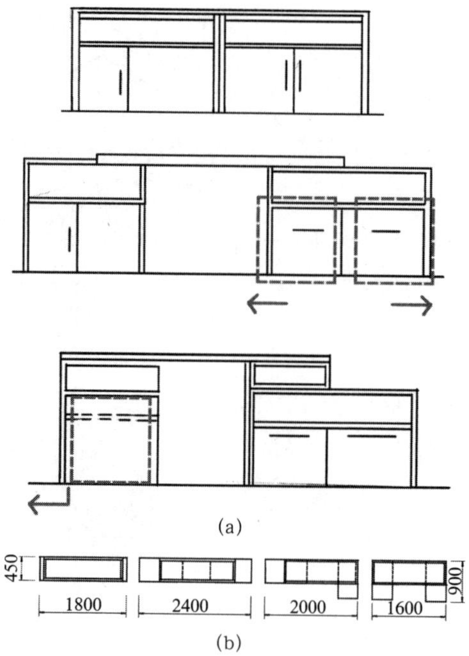

图4-66
Toy Box（单位：mm）

■ **任务实施**

1. 任务内容：桌台类家具设计。

2. 任务要求：

（1）拟定两个设计方向：书桌、餐桌。选择其一进行设计。

（2）设计风格不限，需要拟定使用者、使用地点等限定条件。

（3）功能尺寸数据参照任务4.2中相关内容。

（4）在满足功能设计的基础上要兼顾造型设计。

（5）提交文件说明（以下文件需要A4图纸制作并装订封皮）：

1）设计说明；

2）设计草图；

3）家具设计图（三视图、轴测图）；

4）家具效果图（不少于两个角度）。

任务4.3　储藏类家具功能尺寸设计

■ **任务引入**

凌乱的房间有可能是这样的，如图4-67所示。如此混乱的原因，一是可能没有随时整理房间的习惯，二是房间中没有很好的收纳功能。即使有了收纳用的柜子等家具，如果不能合理地归纳物品，也会为之后的生活带来不便。

■ **知识链接**

在日常生活中，我们将物品存放在柜子、架子上，可以使房间整洁、干净，也方便找寻物品。这类用于存放物品的家具我们称为储藏类家具，主要包括衣柜、橱柜、书架、鞋架、桌边柜等。此类家具需要依据人体操作活动范围，即人站立或坐时手臂上下左右运动的幅度进行设计。

常用的物品放置在容易取拿的范围内，那么什么范围是容易取拿的呢？如图4-68、表4-11所示，将收纳空间划分为五个区间，第一区间在590～1240mm，是站立时容易取物的高度；第三与第五区间处于590mm以下，是需要屈膝或下蹲才能取物的高度；第二和第四区间处于1240mm以上，是需要伸手才能取物的高度，1880mm被认为是一般人托举的最大高度，超过这个高度需要通过板凳、梯子等物品辅助取物。

图4-67
凌乱的房间

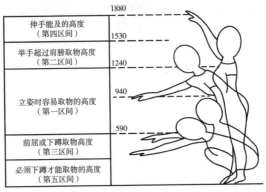

图4-68
收纳空间尺度划分
（单位：mm）

储藏空间尺度划分（单位：mm）　　　　　　　　表4-11

区间	存取难易程度	高度
第四区间	伸手能及的高度	1530～1880
第二区间	举手超过肩膀取物高度	1240～1530
第一区间	立姿时容易取物的高度	590～1240
第三区间	前屈或下蹲取物高度	≤590
第五区间	必须下蹲才能取物的高度	<590

4.3.1　衣柜功能尺寸设计

把一年四季的衣物储存起来是每个家庭需要解决的问题。衣柜的诞生为衣物的储存提供了解决方案，为了满足人们对衣柜多元化的需求，设计师根据人个体情况的不同进行了针对性的研究与设计。如图4-69所示，儿童时期衣物尺寸较小，衣物量也较少，因此衣柜的容积和体量相对来说也较小。随着年龄的增长，衣物的数量增加，以及对衣物储存的特殊要求，衣柜的体量将较大并且根据衣物储存要求需进行针对性的划分。

《家具　柜类主要尺寸》GB/T 3327—2016对衣柜的外围尺寸和内部部分尺寸进行了限制，如图4-70、图4-71、表4-12所示。尺寸限制主要依据人

图 4-69
不断变化的家具

儿童时代   学生时代

职场人士时代   结婚之后

体基本尺寸、人体平均活动尺寸等。

1. 衣柜高度

衣柜高度需要参考衣服的长度进行设计。一般情况，女士衣服长度上限为 1500mm，男士衣服长度上限为 1350mm，如图 4-72 所示。衣柜内部空间设计时宜采用女士衣服长度上限，并且还需要加入挂衣棍距顶距离（≥ 40mm）、衣架高度尺寸、衣服下沿预留空间等，因此衣柜高度一般为 1800 ~ 2200mm。

2. 衣柜深度

衣柜深度需要考虑存放物品尺寸、取放物品的伸够距离和人体的肩宽等因素。国标《家具 柜类主要尺寸》GB/T 3327—2016 中规定衣柜深度 ≥ 530mm，一般取 600mm。如果衣柜深度过浅，则只有斜挂衣服才能关上柜门；衣柜深度过深，将不便于取放物品并且占地面积较大，如图 4-73 所示。

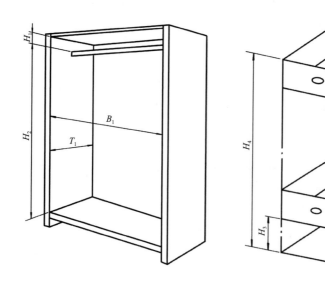

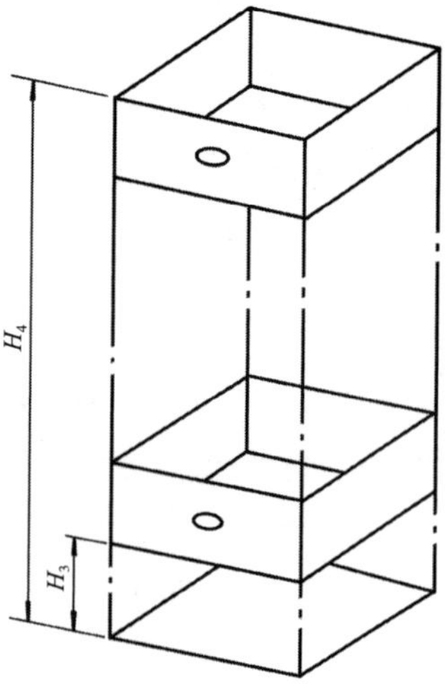

图 4-70（左）
柜内空间尺寸示意
图 4-71（右）
抽屉尺寸示意

衣柜尺寸（单位：mm） 表4-12

限制内容		尺寸范围
柜内深	悬挂衣物柜内深 T_1 或宽 B_1	≥ 530
	折叠衣物柜内深 T_1	≥ 450
挂衣棍上沿至顶板内表面距离 H_1		≥ 40
挂衣棍上沿至底板内表面距离 H_2	适于挂长衣服	≥ 1400
	适于挂短衣服	≥ 900
镜子上沿离地面高 H_5（装饰镜不受高度限制）		≥ 1700
抽屉	底层抽面下沿离地面高 H_3	≥ 50
	顶层抽面上沿离地面高 H_4	≤ 1250

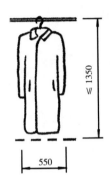

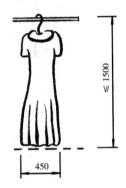

图 4-72
男士、女士衣物尺寸
（单位：mm）

3. 挂衣棍位置

挂衣棍高度需要考虑人站立时上肢能方便到达的高度。国标《家具 柜类主要尺寸》GB/T 3327—2016 中规定挂衣棍上沿至底板内表面距离，挂长衣为 ≥ 1400mm、挂短衣为 ≥ 900mm。

对于挂衣棍超过人站立时上肢到达距离的高度时，可以采用升降挂衣杆辅助完成衣物的挂取，如图 4-74 所示。

图 4-73（左）
衣柜过浅或过深
（单位：mm）
图 4-74（右）
升降挂衣杆
（单位：mm）

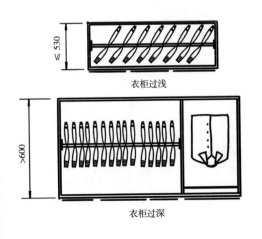

衣柜过浅

衣柜过深

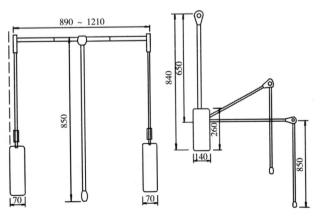

4. 底部空间

衣柜底部空间常见有两种形式，亮脚和包脚，如图 4—75 所示。亮脚衣柜底部距离地面净高 ≥ 100mm，便于日常清扫；包脚衣柜由于地面不设预留空间，因此柜体地面距离地面 ≥ 50mm 即可。

(a)

(b)

图 4—75
衣柜底部空间
(a) 亮脚；(b) 包脚

5. 抽屉

抽屉是便捷、实用的储存部件，是很多衣柜设计的标配。

抽屉的深度一般依据抽屉本身在抽出和推进过程中的要求，以及衣柜深度和整体造型决定。如图 4—76 所示，如果抽屉与衣柜面板齐平，那么抽屉深度 + 抽屉运动中需要预留的空间，应尽量与柜体深度相一致；如果抽屉置于柜体内部，其深度相对要小一些。

抽屉的宽度根据所放置物品的尺寸来决定。一般衣服折叠后的尺寸在300mm × 350mm 左右，如图 4—77 所示。另外，抽屉的宽度和高度还要与柜体整体比例相协调。

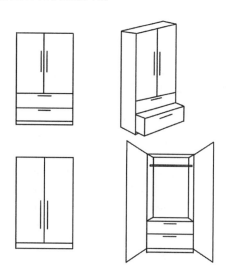

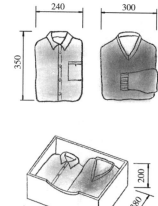

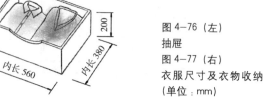

图 4—76 （左）
抽屉
图 4—77 （右）
衣服尺寸及衣物收纳
（单位：mm）

抽屉的高度没有明确要求，但不应太高，否则不宜推拉或取拿物品。在国标《家具 柜类主要尺寸》GB/T 3327—2016 中规定底层抽面下沿离地面高≥50mm，顶层抽面上沿离地面高≤1250mm。

4.3.2 橱柜功能尺寸

橱柜作为厨房的主要家具，与一日三餐的制作息息相关，本书在项目五中对厨房橱柜格局设计展开了分析，本部分将只对柜体尺寸进行讲解。

橱柜各部分功能尺寸应依据通过实测、统计、分析等得到的人体数据来确定。

1.地柜

（1）地柜高度

地柜高度是否合适，直接关系到人们在使用过程中的舒适性。太矮，人将弯腰操作；太高，两臂架起，十分不舒服。研究表明，人在切菜时，上臂和前臂应呈一定夹角，这样可以最大程度地调动身体力量，双手也可相互配合地工作。通过对调查数据的整理分析，得出地柜高度在 800 ~ 910mm 为宜，此高度可以减少下厨者弯腰程度，有效缓解疲劳，适合身高 1.55 ~ 1.80m 的人使用，如图 4-78 所示。

（2）地柜深度

人手伸直后肩到拇指距离，女性为 650mm，男性为 740mm，在距身体530mm 的范围内取物工作较为放松。但因排油烟机和炉具尺寸所限，橱柜操作台面的深度一般在 610 ~ 660mm。

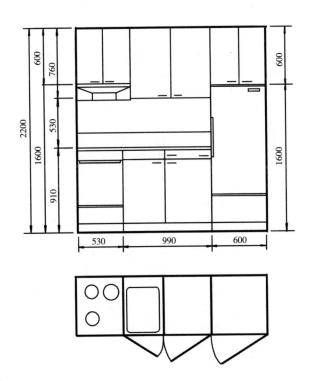

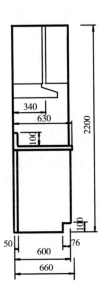

图 4-78
橱柜尺寸（单位：mm）

（3）操作台宽度

人在站立操作时所占的宽度女性为 660mm，男性为 700mm，但在实际操作时尺寸应相应加大。根据手臂与身体左右夹角呈 15° 工作较轻松的原则，厨房主要案台操作台面宽度应至少保证在 760mm，如图 4-79 所示。

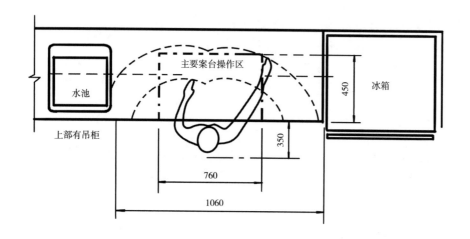

图 4-79
操作台宽度（单位：mm）

2. 吊柜

吊柜的高度一般以 500 ～ 600mm 为宜，深度在 300 ～ 450mm 为宜，柜子的间隔宽度不应该大于 700mm。在设计吊柜时，注意操作时不易碰头，吊柜与操作台之间的距离应该在 550mm 以上。

4.3.3　书柜、文件柜功能尺寸设计

1. 书柜功能尺寸设计

书柜顾名思义主要存放书籍，也可作为艺术品展柜使用。国标《家具 柜类主要尺寸》GB/T 3327—2016 中对书柜的功能尺寸有所规定，如图 4-80、表 4-13 所示。其柜体外形宽度为 600 ～ 900mm，过宽，书柜隔板将受自身及书籍重量压力造成板体弯曲，如图 4-81 所示；柜体外形深为 300 ～ 400mm，过深，书籍取放将受到阻碍；柜体外形高度为 1200 ～ 2200mm；层间净高需根据书体高度确定（图 4-82），一般需要 ≥ 250mm。

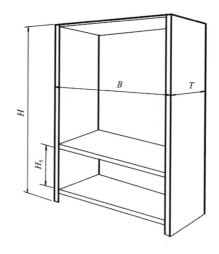

图 4-80
书柜尺寸示意

书柜尺寸（单位：mm）　　　　　　　　表 4-13

项目	柜体外形宽度 B	柜体外形深 T	柜体外形高度 H	层间净高 H_5
尺寸	600 ～ 900	300 ～ 400	1200 ～ 2200	≥ 250

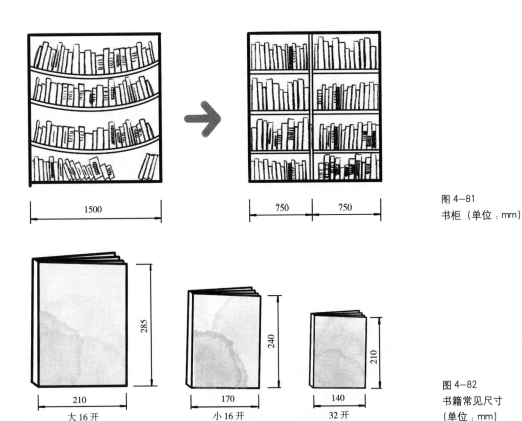

图 4-81
书柜（单位：mm）

图 4-82
书籍常见尺寸
（单位：mm）

大 16 开   小 16 开   32 开

2.文件柜功能尺寸设计

文件柜与书柜相比尺寸略大，主要用于存放各类纸类文件、文件夹、文件盒等。国标《家具 柜类主要尺寸》GB/T 3327—2016 中对文件柜的功能尺寸有所规定，如图 4-83、表 4-14 所示。

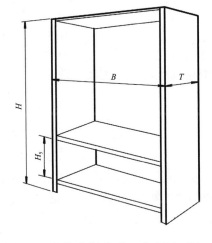

图 4-83
文件柜尺寸示意

4.3.4 储藏类家具设计

1.报刊架

现代人的生活中报纸杂志渐渐被数字化媒体所替代，但依然有热衷于纸质媒体的人，对于这类群体，报刊架成了日常生活必不可少的收纳家具。如图 4-84 所示，为艾诺·阿尔托设计的报刊架。杂志比报纸存放的时间长，因此平放

文件柜尺寸（单位：mm）   表 4-14

项目	柜体外形宽度 B	柜体外形深 T	柜体外形高度 H	层间净高 H_5
尺寸	450 ~ 1050	400 ~ 450	(1) 370 ~ 400 (2) 700 ~ 1200 (3) 1800 ~ 2200	≥ 330

在架子上，将封面露在外面。报纸放置在竖向格子中，从上方和侧方都可轻松拿取。

2. 三合一隐藏式厨房

三合一隐藏式厨房是集烹饪、用餐、收纳为一体的，适用于小型公寓的变形厨房。设计师是莉莉·莱克。

图 4-84
艾诺·阿尔托设计的报刊架

此厨房是为单身公寓量身定制，位于客厅中央，如图 4-85 所示。在不需要烹饪或用餐时它就像是一个柜子，锅、碗、瓢、盆统统隐藏其中。通过打开百叶拉门使内部设置——呈现，侧面拉门放下可变成厨房台面或是餐桌，如图 4-86 所示。隐藏厨房内部收纳完备，还预留出存放垃圾的空间。

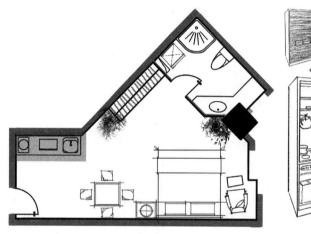
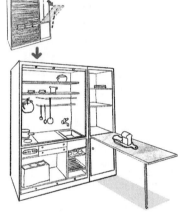

图 4-85（左）
莉莉·莱克厨房平面位置
图 4-86（右）
莉莉·莱克厨房

3. 橱柜

艾诺·阿尔托在 1935 年为自家设计了厨房。整体橱柜的长度为 2850mm，由于中间有一面窗，为此吊柜和壁柜设置在窗的周围，如图 4-87 所示。比较现代橱柜和阿尔托橱柜的剖面发现，阿尔托橱柜吊柜设置了通风口，如图 4-88 所示。由于吊柜高度较高，存放在里面的物品必定是不常使用的，如果能保持正常的自然通风，将有助于柜内物品的储存。

4. Cube Chest

Cube Chest 的设计师是艾琳·格瑞。设计灵感来源于冰箱，拉开冰箱门，冰箱里的东西尽收眼底。如图 4-89 所示，衣柜的长度为 1000mm，深度为 600mm。柜门一侧可以挂长裙，另一侧柜门设置了很多透明格子可以存放小物件。由于柜门存放的物品占用了一部分柜体深度空间，为此柜主体部分要略微浅一些。挂衣棍倾斜地架在衣柜里，一是可以避免由于柜主体深度变浅带来的空间不足，二是衣服倾斜放置将容易被看到。下方浅口透明抽屉可以放置折叠衣物，由于是透明材质，便于找寻。

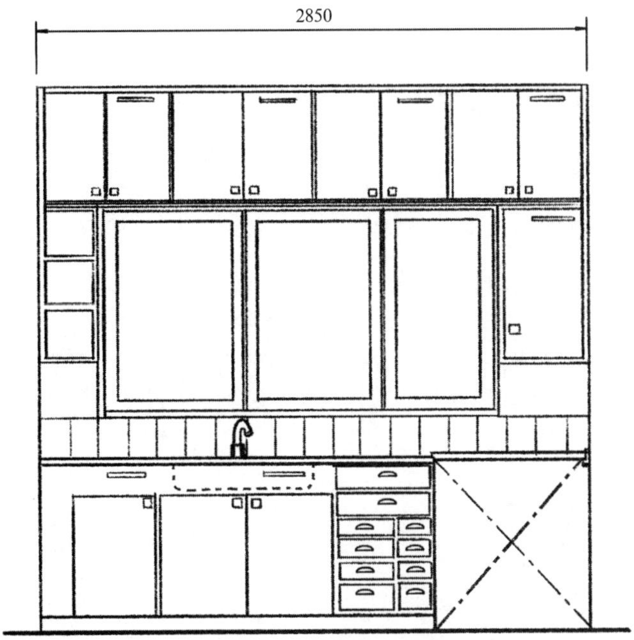

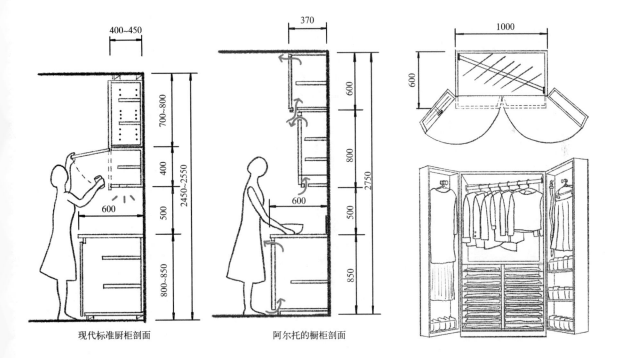

图 4-87
阿尔托的橱柜立面
(单位：mm)

图 4-88（左）
现代橱柜剖面与阿尔托
的橱柜剖面（单位：mm）
图 4-89（右）
Gube Chest

现代标准厨柜剖面　　　　阿尔托的橱柜剖面

■ **任务实施**

1. 任务内容：储存类家具设计。

2. 任务要求：

(1) 拟定两个设计方向：衣柜、橱柜。选择其一进行设计。

(2) 设计风格不限，需要拟定使用者、存放物品内容等限定条件。

（3）功能尺寸数据参照任务 4.3 中相关内容。

（4）在满足功能设计的基础上要兼顾造型设计。

（5）提交文件说明（以下文件需要 A4 图纸制作并装订封皮）：

1）设计说明；

2）设计草图；

3）家具设计图（三视图、轴测图）；

4）家具效果图（不少于两个角度）。

5

项目五　家居空间设计与人体工程学

■ 项目目标

人们一天中最少有 1/3 的时间是在家居空间中度过的。无论家有多大，它都承载了一个人、一家人的情感寄托，也提供着生活中必不可少的功能服务。那么一个家居空间都有哪些元素构成呢？它们为人们的日常生活提供了哪些便捷条件？除此之外，家居空间中存在哪些影响生活的问题呢？带着这些疑问，开始项目五的学习。

■ 项目任务

表 5-1

项目任务	关键词	学时
任务 5.1 家庭活动效率与特征	共享空间、隐私空间、活动效率、活动特征	1
任务 5.2 玄关设计	玄关的作用、行为计划、设计尺度	1
任务 5.3 卧室设计	卧室的作用、行为计划、设计尺度	1
任务 5.4 客厅、餐厅、厨房设计	客厅、餐厅、厨房的作用、行为计划、设计尺度	2
任务 5.5 卫生间设计	卫生间的作用、行为计划、设计尺度	1

任务 5.1 家庭活动效率与特征

■ 任务引入

在对家居空间进行设计前,设计师往往会先询问每一位使用者(家庭成员)的意见,了解他们的喜好、生活习惯、特定要求等。然后,结合空间情况进行布局和装饰,以求空间满足每名使用者需要。可见,前期对使用者的调研是重要且必须的工作。那么,这种调研与人体工程学又有什么联系呢?

本节的任务是了解家庭的组成、家庭的活动效率以及活动特征等,从而为之后的空间设计提供参考帮助。

■ 知识链接

针对家居设计与人体工程学的研究,将从家庭活动展开。

5.1.1 家庭的组成

家庭是社会结构组成的基本单位。随着社会的发展,经济的繁荣,生活水平的提高,人们对物质的要求和精神的需求都有了新的标准。20 世纪 70 ~ 80 年代,我们住的房子可能是四合院、小平房、筒子楼等。而今,高层公寓、LOFT、小洋房遍布在城市中,人们开始更讲究生活品质、重视自我价值。而家庭结构也随着进入老龄化社会等一系列变化而改变着。因此,在家居空间设计中,应该充分考虑当下现状和未来的发展趋势,及早作出相应的解决措施。

5.1.2 家庭的共享和隐私空间

家庭内部有两个空间,一个是家人共享空间,另一个是个人隐私空间。客厅、餐厅、厨房一般是对所有家庭成员和客人们开放的,属于共享空间;而卧室、书房、卫生间、浴室等则具有很强的私密性,属于隐私空间。

1. 共享和隐私空间组合

如图 5-1 所示,通过隔墙很容易划分共享和隐私空间。而且我们发现,

视频 8
家庭的共享和隐私空间

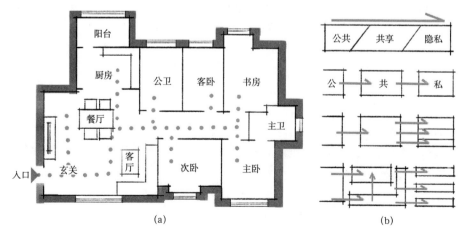

(a)

(b)

图 5-1
共享和隐私空间组合
(a) 平面布局分析;
(b) 空间布局分析

进入室内首先步入的是共享空间，并通过共享空间分别带入各自的隐私空间，这种设计更像是树形结构，走廊就是树干。

对于一些小户型（图5-2），即便进入后除了一个较大空间和一个卫生间之外别无其他空间，使用者仍然希望在有限的空间中创造属于自己的隐私空间。为此，设计师通过家具、隔断等设施对室内空间进行划分。

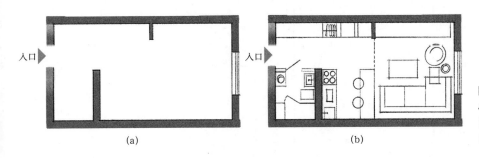

图5-2
小户型空间划分
(a) 改造前空间；
(b) 改造后空间

如图5-3所示，一个小户型弹性空间设计。所谓弹性是可以根据生活实际需要自由调节共享和隐私空间的比例。设计师在室内加入了移动滑门，滑轨设置在顶棚，而地面不设轨道以方便清扫卫生。在需要隐私时，滑门犹如"大窗帘"将空间一分为二（即便一个人住，小的睡眠空间还是会给人安全感的）；在聚会时，滑门折叠打开置于墙壁处，床折叠（沙发床）变成沙发，一个完美的共享空间即刻呈现。

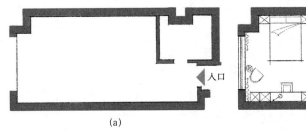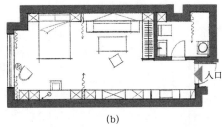

图5-3
小户型弹性空间设计
(a) 改造前空间；
(b) 改造后空间

2. 共享和专用设施的划分

如果很难辨别哪些空间属于共享，哪些属于隐私，可以通过对设施物品的划分来确定使用者的范围，如图5-4所示。

5.1.3 家庭的活动效率

家庭生活活动主要表现在休息、起居、学习、饮食、家务、卫生、交通等方面。各种活动在家庭生活中所占去的时间、花费的能耗及其效率各不相同。

一天中，休息活动所占的时间最长，约占60%；起居活动所占的时间较次，约占30%；家务等活动所占的时间最少，约占10%。当然，每个人的生活轨

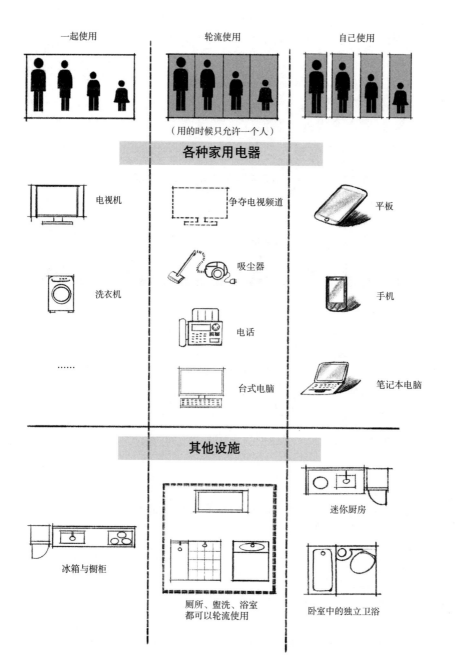

图 5-4
共享和专用设施的划分

一起使用　　　轮流使用　　　自己使用

（用的时候只允许一个人）

各种家用电器

电视机　　争夺电视频道　　平板

　　吸尘器

洗衣机　　　　　　　手机

　　电话

……　　台式电脑　　笔记本电脑

其他设施

迷你厨房

冰箱与橱柜

厕所、盥洗、浴室
都可以轮流使用　　卧室中的独立卫浴

迹不能完全相同，比如家庭主妇的家务活动时间要更多一些。

　　然而，在各种家庭活动中，家务劳动所花费的能耗却是最大的。通过调研发现，能耗与人们生活姿势有关，如图5-5所示。

　　不同姿势的能量消耗不同。如行走，速度越快，能耗越大，每分钟50m只要1.5RMR，而每分钟100m则需要4.7RMR。由此可见，在家务劳动中，要尽量采用适当的姿势，过分的弯腰、过分的走动都会带来很大能量消耗，导致疲惫。这就要求设计师在家居空间设计时，尤其在家具设备的不同功能高度设计时，尽可能减小弯腰等动作。

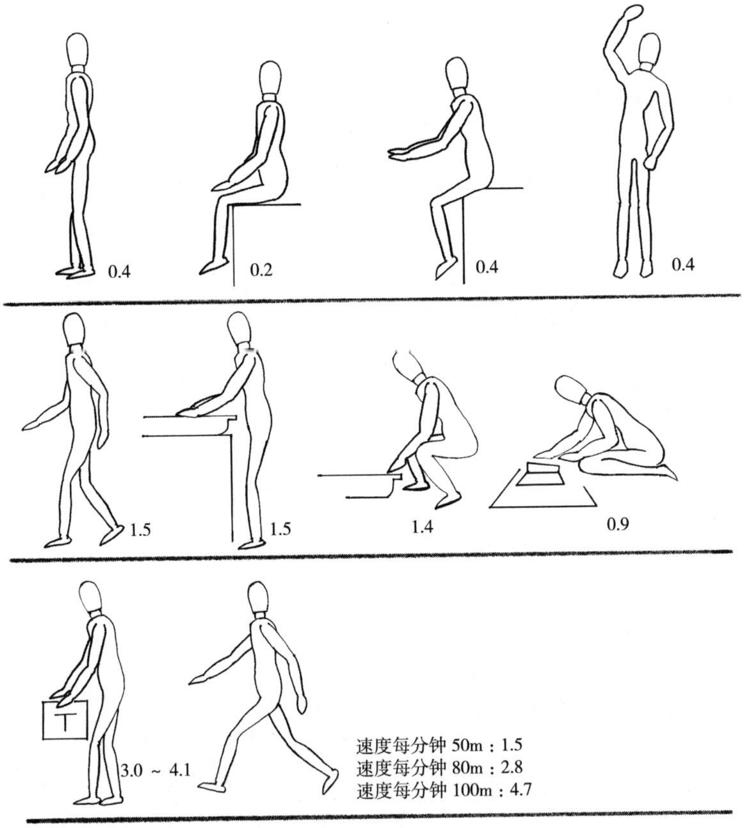

图 5-5
能耗与人们生活姿势
的关系（单位：RMR）

0.4　0.2　0.4　0.4

1.5　1.5　1.4　0.9

3.0 ~ 4.1　速度每分钟 50m：1.5
速度每分钟 80m：2.8
速度每分钟 100m：4.7

请注意：
　　RMR 表示劳动强度的相对代谢率（Relative Metabolic Rate）。
　　RMR＝（劳动时的能量消耗 － 安静时的能量消耗）／基础代谢量
　　RMR 值越大，则能耗越大。

5.1.4　家庭的活动特征

　　根据家庭生活要求所显示的心理活动的外在表现，及其对家居环境的相互作用，家庭活动特征见表 5-2。

家庭活动特征　　　　　　　　表 5-2

家庭生活		空间环境										物理环境					活动性质
分类	项目	集中	分散	隐蔽	开放	安静	活跃	冷色	暖色	柔和	光洁	日照	采光	通风	隔声	保温	分类
休息	睡眠		✓	✓		✓			✓	✓		✓	✓	✓	✓	✓	个人生活
	小憩		✓	✓		✓			✓	✓		✓	✓	✓		✓	
	养病		✓	✓		✓							✓	✓	✓	✓	
学习	更衣		✓	✓		✓							✓			✓	个人生活
	阅读		✓			✓			✓				✓	✓		✓	
	工作		✓			✓			✓				✓	✓			

家庭生活		空间环境										物理环境					活动性质
分类	项目	集中	分散	隐蔽	开放	安静	活跃	冷色	暖色	柔和	光洁	日照	采光	通风	隔声	保温	分类
起居	团聚	✓			✓		✓		✓	✓			✓	✓	✓	✓	公共活动
	会客	✓			✓		✓		✓	✓			✓	✓	✓	✓	
	音像	✓			✓		✓		✓	✓			✓	✓	✓	✓	
	娱乐	✓			✓		✓		✓	✓			✓	✓	✓		
	活动		✓		✓		✓				✓		✓	✓	✓		
饮食	进餐	✓			✓		✓		✓	✓	✓		✓	✓	✓	✓	公共活动
	宴请	✓			✓		✓		✓	✓	✓		✓	✓	✓		
家务	育儿		✓				✓	✓		✓		✓	✓	✓	✓	✓	家务活动
	缝纫		✓				✓			✓			✓	✓			
	炊事		✓				✓				✓		✓	✓			
	洗晒		✓				✓				✓		✓	✓			
	修理		✓				✓				✓		✓	✓			
	贮藏		✓				✓				✓						
卫生	洗浴	✓	✓				✓				✓			✓		✓	辅助活动
	便溺	✓	✓				✓	✓			✓			✓	✓		
交通	通行	✓			✓		✓		✓				✓				交通
	出口	✓			✓		✓		✓				✓				

■ **任务实施**

1. 任务内容：思考一下，你的家庭组成情况和家庭主要活动特征有哪些。

2. 任务要求：

（1）将家庭组成情况进行说明，如三口之家（父亲、母亲、我）、年龄、职业等。

（2）参照表 5-2 梳理你的家庭活动特征。

（3）说明家庭现有住房使用中遇到的问题，并提出相应的处理意见。

（4）所有内容需整理在 A4 纸上，图文并茂。

任务 5.2 玄关设计

■ **任务引入**

玄关因其面积较小，往往易被人们忽视。但作为进入一个家的开始空间，设计的好与坏，关系到家居空间的整体印象。

本节我们的任务是通过人的行为计划和设施尺度，展开玄关的多样组合，以满足功能的最大化体现。

■ **知识链接**

对一个家居空间的认识，应从玄关开始。

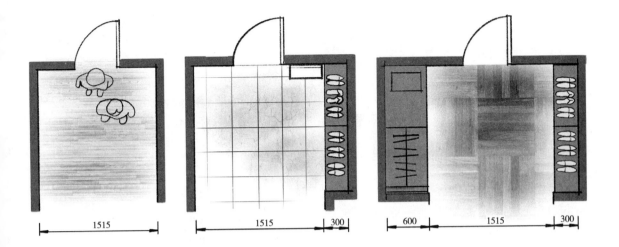

5.2.1 玄关空间与行为计划

空间的大小决定了行为计划的内容，如较小的空间，只可换鞋和接待；较大的空间，在以上行为的基础上可以加入储藏、艺术展示等内容。

1. 换鞋

空间较小，能满足两个人并排站立，如图5-6所示。

2. 换鞋＋鞋柜

与图5-6玄关空间相比，图5-7的空间除了满足换鞋功能外，还可以容纳一个鞋柜，便于鞋的收纳。

3. 换鞋＋鞋柜＋衣柜

较大的玄关空间，可放置鞋柜、衣柜或两者的组合体，让换鞋、更衣全部在玄关完成，如图5-8所示。

4. 组合

对于较大的玄关空间，可以合理划分，将多功能优化组合。如图5-9所示，利用长条形玄关的一侧三面有墙的空间，设置一个步入式衣帽间，家庭成员和到访客人的衣物、包就有安放之所，快递也有了临时安置地。

5.2.2 玄关空间与设施尺度

常见的玄关空间设施有穿鞋凳（椅、墩）、置物柜等。

1. 穿鞋凳（椅、墩）

玄关的首要任务是为进门、出门者提供换鞋场所，站着换鞋有时会感到不舒适，因此，在玄关处设置一个穿鞋或脱鞋的设施将大大提高舒适度。

穿鞋凳（椅、墩）尺寸设计取决于使用者的实际需求，如果是多家庭成员

图5-6（左）
玄关空间行为计划——
换鞋（单位：mm）
图5-7（中）
玄关空间行为计划——
换鞋＋鞋柜
（单位：mm）
图5-8（右）
玄关空间行为计划——
换鞋＋鞋柜＋衣柜
（单位：mm）

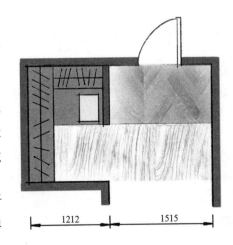

图5-9
玄关空间行为计划——
组合（单位：mm）

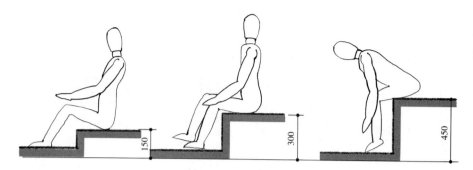

图 5-10
玄关空间与设施尺度——
穿鞋凳（单位：mm）

共用的空间，穿鞋凳（椅、墩）的高度为 300mm 比较合适，如图 5-10 所示。如果采用常规座椅，座面高度 450mm，使用者会将上半身全部压到大腿上方，很不舒适；而座面高度太低，入座和起身将不便利。

2. 置物柜

有多少东西是我们常常放在玄关空间中的呢？如图 5-11 所示，将它们合理安置将直接关系到玄关空间的整洁。特别是形态各异的鞋子(见表 5-3，列举了常见鞋子的高度、鞋盒尺寸)，成了很多家庭收纳的难题，设计合理的置物柜将帮助我们解决这类问题。

图 5-11
玄关空间与设施尺度——
置物柜

鞋的高度（单位：cm）　　　　　　　　　　　表 5-3

种类	高度	鞋盒尺寸	种类	高度	鞋盒尺寸
运动鞋	10 ~ 12	32×18×11	低筒靴	15 ~ 16	32×31×13
单鞋	10 ~ 12	32×18×11	中筒靴	32 ~ 33	29×36×11
高跟鞋	15 ~ 16	32×18×11	高筒靴	41 ~ 43	33×57×12

5.2.3　玄关空间设计要点

1. 设计风格与房屋室内整体风格相一致

很多家庭的玄关空间是与客厅或其他空间相联通的，因此，在设计风格上要协调统一。

2. 通过地面材料或顶棚造型区别其他空间

划分空间的形式有很多，隔墙、隔断、家具、屏风等。除此之外，地面材料和顶棚造型也可起到划分空间的作用。特别是从室外进入室内，鞋子难免沾染泥土，因此在玄关地面处用区别于室内其他地面的材料作为区分，可提醒

视频 9
玄关空间与行为计划

使用者在规定区域换鞋。

3. 穿衣镜可以拓宽视觉感受

整理衣装是多数人出门前必须要做的工作，如果在入口的玄关处设置一面穿衣镜将满足很多人的需求。同时，通过镜子的反射作用，加之灯光的运用，可以拓宽玄关空间的视觉感受。

4. 设置视觉落点

一进家门，有熟悉的、令人心情愉悦的东西迎接你的目光，这就是视觉落点。漂亮的家具、植物、装饰壁画都是视觉落点形成的方式。

5. 点光源的运用

玄关空间可做一些局部照明，如局部照亮装饰柜、墙壁装饰画等。通过灯光照射营造温馨的环境氛围，同时与反光材料配合可以从视觉上拓宽玄关空间。

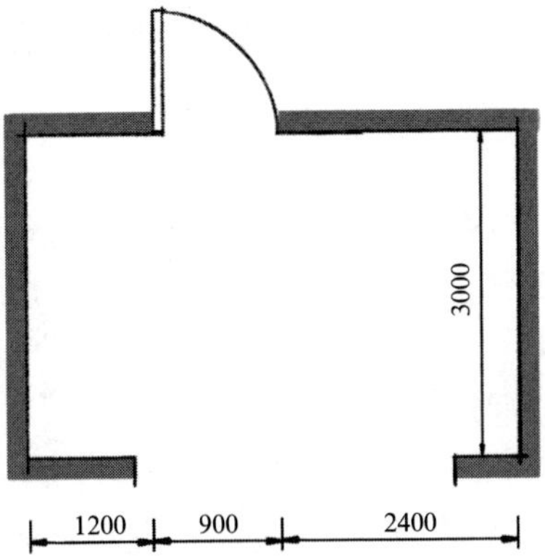

图5-12
玄关空间尺寸
（单位：mm）

■ **任务实施**

1. 任务内容：如图5-12所示，根据平面尺寸设计玄关空间，完成玄关设计图、家具设计图等。

2. 任务要求：

(1) 满足一家四口人日常需求，见表5-4。

家庭成员情况说明　　　　　　　表5-4

家庭成员	年龄（岁）	职业	身高（cm）	日常玄关放置物品
奶奶	74	退休教师	155	钥匙、购物袋、雨伞、平底鞋（1双）、运动鞋（1双）
男主人	45	设计师	175	钥匙、公文包、雨伞、平底鞋（1双）、运动鞋（1双）
女主人	40	企业职员	164	钥匙、手提包、雨伞、高跟鞋（1双）、平底鞋（1双）
男孩	12	初中生	166	钥匙、雨伞、足球、运动鞋（2双）

(2) 玄关设计图，包括平面布置图、立面图。

要求：1) A4图纸完成，要求有图框、标题栏等。

2) 表现手法不限，手绘、计算机辅助设计均可。

3) 标明各设置之间尺寸关系。

(3) 家具设计图，包括家具三视图（外观图）、内部结构图等。

要求：1) A4图纸完成，要求有图框、标题栏等。

2) 表现手法不限，手绘、计算机辅助设计均可。

3) 标明各零、部件之间的尺寸关系。

3. 所需文件内容：

(1) 封皮（A4图纸）；

（2）空间设计说明（A4图纸）；

（3）玄关设计图（A4图纸）；

（4）家具设计图（A4图纸）。

任务5.3　卧室设计

■ 任务引入

如果家居空间中有一张床，我们来给它命名，会叫什么呢？主卧、次卧、客卧、儿童房、保姆间……五花八门的称呼汇成一个就是卧室。

本节我们的任务是通过人的行为计划和设施尺度，展开卧室的多样分析。

■ 知识链接

卧室是供人休息的场所，人一天中总有几个小时在卧室里度过。一般情况下，卧室里的家具是整个家庭空间中占地面积相对较大的。

5.3.1　卧室空间与行为计划

空间的大小决定了行为计划的内容，如较小的空间，能用来睡眠，较大的空间可发挥的余地就大了很多。

视频10
卧室空间与行为计划

1. 睡眠

空间较小，只能满足睡眠要求。如果想有更多活动空间，榻榻米是值得借鉴的一种方式，如图5-13所示。

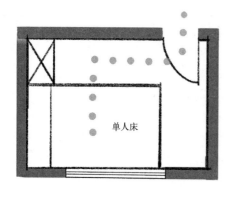

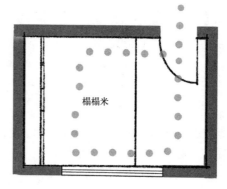

图5-13
卧室空间与行为计划——
睡眠

2. 睡眠 + 衣柜

比较理想的卧室空间可以摆放一套床组（床 + 床头柜）和一组衣柜。但要注意衣柜门的开启方式，如果距离床较近，衣柜门不能完全打开，可以选用推拉门形式，如图5-14所示。

3. 睡眠 + 衣柜 + 梳妆台 / 书桌

卧室空间较大，可以在卧室一角加设一组梳妆台或书桌，如图5-15所示。

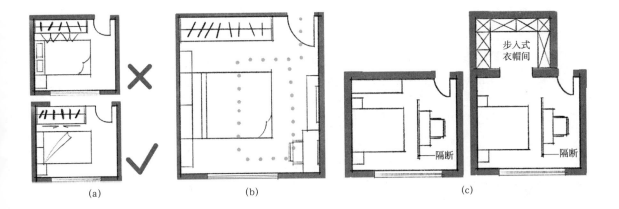

图 5-14 （a）
卧室空间与行为计
划——睡眠 + 衣柜
图 5-15 （b）
卧室空间与行为计
划——睡眠 + 衣柜 +
梳妆台／书桌
图 5-16 （c）
卧室空间与行为计
划——组合

(a)　　　　　　　(b)　　　　　　　(c)

4. 组合

对于较大卧室空间，可以通过合理划分，将功能优化组合。如图 5-16 所示，利用隔墙或隔断将空间一分为二，设置一个步入式衣帽间或是书房。

5.3.2 卧室空间与设施尺度

常见的卧室空间设施有床组（床 + 床头柜）、衣柜、梳妆台、书桌等。

1. 床组

床组包括床和床头柜，是卧室的主要家具。

床在组成上，世界各地差异不算大，一般都是由床架 + 床垫 + 被褥 + 枕头构成。但在尺寸上，略有不同，如图 5-17 所示。我国和日本单人床标准尺寸为 1000mm × 2000mm；泰国单人床尺寸为 1070mm × 2000mm；欧洲单人床标准尺寸为 900mm × 1900mm。并且，欧美的枕头普遍要比亚洲国家枕头大。

床的尺寸因品牌、设计不同而略有差异，本书将列举常见床垫的尺寸。床的大小，要考虑床垫周边的床框与床板的厚度，床垫尺寸一般是比较固定的，通常在床垫基本长和宽基础上加 50mm 为佳（表 5-5）。

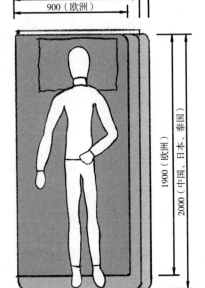

1070（泰国）
1000（中国、日本）
900（欧洲）

1900（欧洲）
2000（中国、日本、泰国）

图 5-17
单人床尺寸
（单位：mm）

床垫的尺寸（单位：mm）			表 5-5
单人	2000 × 1000	单人加大	2000 × 1200
双人	2000 × 1400	双人加大	2000 × 1600
双人特大	2000 × 1800	双人巨大	2000 × 2000

床头柜的尺寸根据空间实际情况而定，一般方形居多，如 500mm×500mm（长×宽），高度与床高相近。

当了解了床的尺寸后，开始分析床与空间的尺寸关系。无论是单人床还是双人床，无论是依墙而放还是摆放在房屋中间，都需要预留一个可供人行走、上下床和铺床的通道，如图 5-18 所示。

床两侧通道的具体尺寸，如图 5-19 所示。

2. 衣柜

衣柜常常设置在卧室中，是家庭重要的储藏类家具之一。衣柜根据空间情况大致分为普通衣柜、步入式衣柜、穿过式衣柜等。

（1）普通衣柜

普通衣柜是最常见的形式，适合各类空间。根据房间大小还可以设置平开门、推拉门等不同柜门形式，如图 5-20a 所示。

（2）步入式衣柜

步入式衣柜也称衣帽间。将一个小空间内部设满储物柜，可以是开放式的，也可以是闭合式的。步入式衣柜适合空间较大且能够独立围合一个小空间或原建筑已有独立衣帽间的室内空间，如图 5-20b 所示。

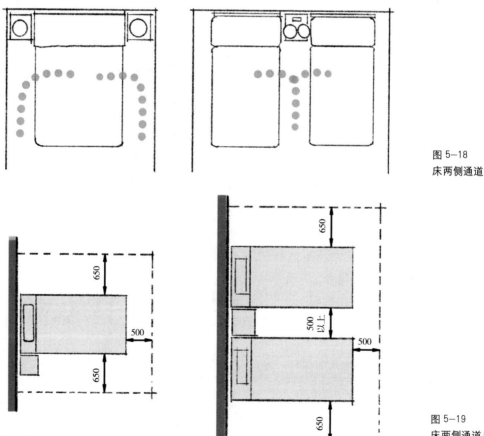

图 5-18
床两侧通道

图 5-19
床两侧通道尺寸
（单位：mm）

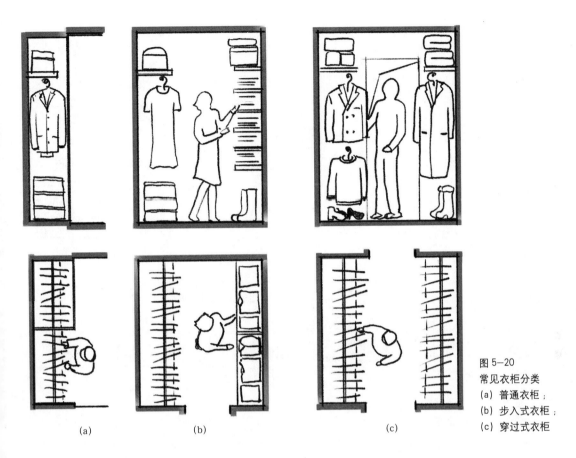

图 5-20
常见衣柜分类
(a) 普通衣柜；
(b) 步入式衣柜；
(c) 穿过式衣柜

(3) 穿过式衣柜

穿过式衣柜与步入式衣柜有异曲同工之处。穿过式衣柜是在连接两个空间的过道内设置的衣柜，可以有效利用空间，此类设计在欧美的公寓中十分常见，如图 5-20c 所示。

3. 梳妆台

梳妆台是很多女性空间中不可缺少的家具之一，并且常常在卧室中出现。由于受到卧室空间的限制，梳妆台的尺度一般比较小巧，具体的尺寸需要根据空间实际情况而定。以宽度 500mm、长度 1000mm、高度 720mm 为例说明梳妆台与空间的尺度关系。如图 5-21 所示，梳妆台位于床下方位置时，床下方边沿与台面边沿距离不应小于 1200mm，以满足梳妆台使用者与通行者不受干扰。

4. 书桌

书桌应该是书房空间的一员，但不是每一个家庭都有足够的空间划分出一个书房，所以书房功能常常与客厅、餐厅、卧室等连用。

书桌根据使用性质不同，尺寸也各不相同，使用笔记本电脑时，书桌宽度在 450mm 左右；使用台式电脑时，书桌宽度在 600mm 左右；既当书架又要放打印机时，书桌宽度应在 900mm 左右，如图 5-22 所示。

一个人使用的书桌长度应在 900mm 左右；需要配备一个地柜时，书桌长

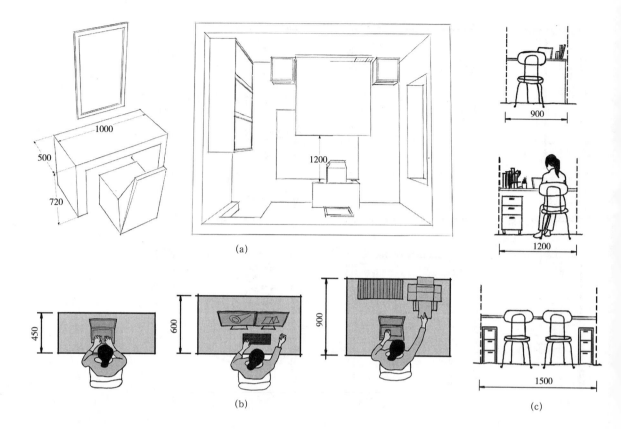

(a)

(b)

(c)

度应在 1200mm 左右;如果需要两个人共同使用,书桌长度应在 1500mm 以上,如图 5-23 所示。

图 5-21 (a) 梳妆台与空间的尺度关系 (单位:mm) 图 5-22 (b) 不同类型书桌尺寸 (单位:mm) 图 5-23 (c) 不同功能书桌尺寸 (单位:mm)

书桌与空间的尺度关系和梳妆台的摆放相似,需要考虑书桌与其他家具间的距离关系,以免影响通行,如图 5-24 所示。

5.3.3 卧室空间设计要点

1. 设计风格与房屋室内整体风格相一致

卧室设计风格宜简洁、清新。窗帘、床单等软装布艺占据空间较大面积,因此软装部分要与空间整体风格相协调。

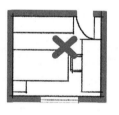
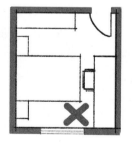

图 5-24 书桌与空间尺度的关系

2. 室内家具摆放要考虑人的通行需要

卧室空间较小,家具摆放不宜过多,要考虑人的通行需要,每条通道不应小于 500mm。

3. 床应预留通行和整理床铺的距离,床头尽量不靠窗口

双人床尽量不要依墙而放,应两侧预留通行空间;单人床如果想方便整理床铺,最好两侧预留不小于 300mm 的整理床铺通道。

床头尽量不要靠窗口,避免入睡时风吹头。另外,窗口是光线和气流动向最大的地方，床靠窗口容易影响睡眠。

4. 衣柜临床布置要考虑门开启所需空间

很多衣柜是平开门，这时需要考虑门是否能完全开启，如果受到空间限制不能将衣柜门完全开启，可以选择推拉门衣柜。

5. 对较大空间的合理划分

如果卧室空间较大，可根据需要加入其他家具或设备。如在卧室中加入书房、步入式衣帽间等功能时，可以考虑通过隔墙、隔断或家具将大空间合理分割。

6. 卧室照明宜采用温暖柔和的色调

卧室是休息的地方，在灯光方面应选用易于安眠的柔和光源，可适量布置一些局部照明和装饰照明。局部照明包括供床头背景墙、梳妆、阅读、更衣、收藏等处的照明；装饰照明用于营造舒适、温馨的卧室空间氛围。

■ 任务实施

1. 任务内容：如图5-25所示，根据卧室平面尺寸，设计卧室空间，完成空间设计图和衣柜设计图。

2. 任务要求：

卧室功能，儿童房和主卧室，任选其一。

(1) 儿童房满足一名6岁儿童的日常需求，具体情况参见表5-6。

(2) 主卧室满足一对年轻夫妇的日常需求，具体情况参见表5-6。

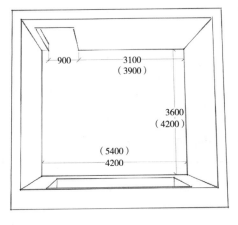

图5-25
卧室空间平面尺寸
（单位：mm）

家庭成员情况说明　　　　　表5-6

家庭成员	年龄（岁）	职业	身高（cm）	日常卧室放置物品
孩子	6	小学生	120	一年四季衣物、换季被褥、学习用品、书籍、航模、行李箱
母亲	35	公司职员	165	一年四季衣物、换季被褥、行李箱、办公用品、化妆品
父亲	37	程序员	177	

(3) 卧室设计图，包括平面布置图、立面图。

要求：1）A3图纸完成，比例自定，要求有图框、标题栏等。

2）表现手法不限，手绘、计算机辅助设计均可。

3）标明各部位之间的尺寸关系。

(4) 家具设计图（衣柜），包括家具三视图（外观图）、内部结构图等。

要求：1）A3图纸完成，要求有图框、标题栏等。

2）表现手法不限，手绘、计算机辅助设计均可。

3）标明各零、部件之间的尺寸关系。

3. 所需文件内容：

(1) 封皮（A3 图纸）；

(2) 空间设计说明（A3 图纸）；

(3) 卧室设计图（A3 图纸）；

(4) 家具设计图（A3 图纸）。

任务 5.4 客厅、餐厅、厨房设计

■ 任务引入

客厅、餐厅、厨房都属于家居空间中的共享空间，是一个家给人的外在印象。这样的空间设计无论是外观还是内在功能，对整个家庭来说都十分重要。

本节我们的任务是通过人的行为计划和设施尺度，展开对客厅、餐厅、厨房三个空间的分析。

■ 知识链接

客厅、餐厅、厨房三个空间既可独立为三个个体，也可组合成为一个整体。

5.4.1 客厅、餐厅、厨房空间与行为计划

客厅、餐厅、厨房三个空间可以独立也可以互相融合贯通，这取决于房屋格局、使用者习惯等因素。

1. 客厅

客厅中的主要家具有沙发、电视、茶几。把三者和谐地归置在一个空间中，设计就成功了一大半。

目前市场上的沙发根据组合形式分为单人沙发、单人长榻沙发、双人沙发、三人沙发、多人沙发、转角沙发、异形沙发等。除此之外，这些类型的沙发彼此还可以自由组合。但无论怎么组合，都要与电视和茶几互相协调。

常见的布置：

(1) 影剧院法

沙发与电视相对，观看电视方便，但少了眼神的交流，如图 5-26 所示。

(2) 家庭成员法

电视、沙发把茶几包围，电视作为沙发的身份出现在客厅中。聊天方便、眼神交流无障碍，但局部看电视的位置不是很舒服，如图 5-27 所示。

(3) 平行布局法

如果客厅中有大面积落地窗且窗外景色优美，那么平行的沙发布局将可一边赏景一边聊天，如图 5-28 所示。

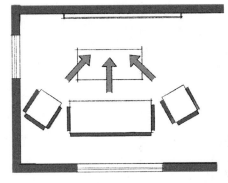
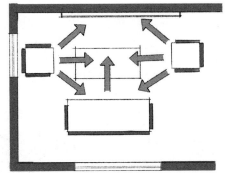

图 5-26（左）
影剧院法
图 5-27（右）
家庭成员法

（4）"L"形布局法

"L"形布局法与平行布局法相似，同样可在休息、聊天时，兼顾观看电视和欣赏风景，如图 5-29 所示。

视频 11
客厅空间与行为计划

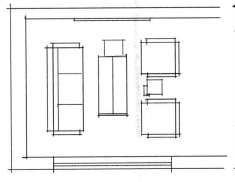
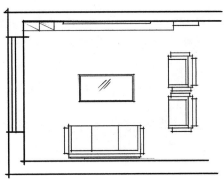

图 5-28（左）
平行布局法
图 5-29（右）
"L"形布局法

通过上述分析，不难发现茶几和沙发往往共同使用，茶几方便坐在沙发上的人放置茶杯、果盘、杂志等。但是茶几也成了限制活动空间、制造房间混乱的"罪魁祸首"。如图 5-30 所示，如果舍掉茶几，孩子们的活动空间会更大。

为此，在进行客厅布局时，在不能缺少茶几的情况下，适当调整它的位置，很多问题将会得到改善，如图 5-31 所示。

图 5-30（左）
舍掉茶几的客厅
图 5-31（右）
边几的摆放

2. 餐厅

餐桌作为餐厅的主要"成员"之一，根据外观形状，常见的有圆形、方形、长方形。圆形餐桌是中国传统餐桌形式，因其象征团圆、亲密、不分彼此等特点很受国人喜欢，但不能依墙而放，占地面积较大；方形餐桌不能太大，一般满足4个人用餐需求，对狭窄空间是不错的选择；长方形是家用餐桌最常见的形式，特别是目前市场上推出的具有伸缩功能的长方形餐桌，满足了多人用餐且平时不占空间的需求，如图5-32所示。

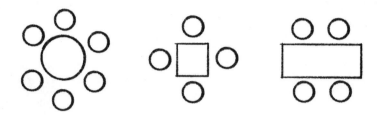

图 5-32
常见餐桌类型

如果餐厅中有一个四人餐桌、一个餐边柜或是酒柜，该如何摆放呢？

作为一个较为独立的餐厅空间，它所承担的责任相对较为单一时，多会根据空间的大小，来寻求餐桌的摆放位置。如图5-33a所示，餐厅空间较为宽大，可将餐桌居中，餐边柜依墙而放；如图5-33b所示，餐厅空间较小，可将餐桌依墙放置，而餐边柜可选择转角型，以免占据大量餐厅空间。

视频 12
餐厅空间与行为计划

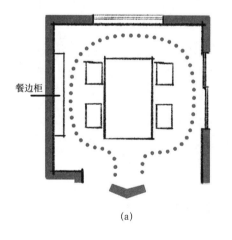

餐边柜

(a)

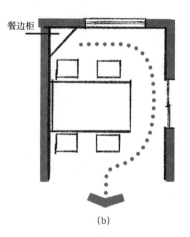

餐边柜

(b)

图 5-33
餐桌椅与空间布局
(a) 大空间；
(b) 小空间

3. 厨房

现代厨房一般由冰箱、炉灶、水槽、砧板等组成。

如图5-34所示，如果将厨房中的冰箱、炉灶、水槽、砧板按"一"字形排列，你会选择哪一种排列方式呢？

将四者合理地编排，将大大提高厨房工作效率。那么，在选择时需要考虑日常使用时的顺序。如图5-35所示，一般将食品从冰箱取出，通过水槽进行清洗，再到砧板加工，最后利用炉灶完成烹调过程。因此，图5-34中E项是比较符合要求的。

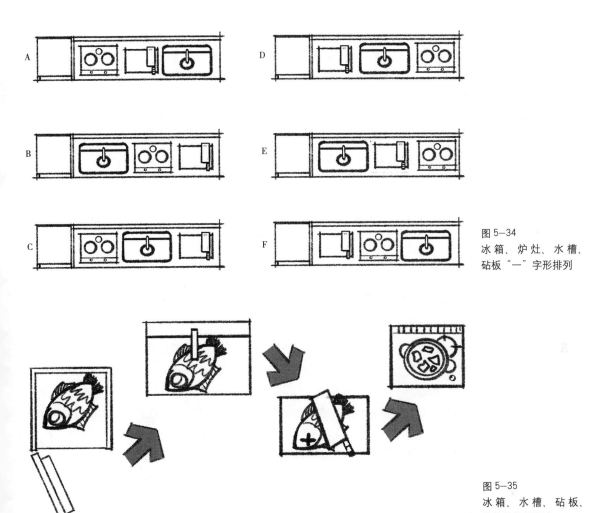

图 5-34
冰箱、炉灶、水槽、
砧板 "一"字形排列

图 5-35
冰箱、水槽、砧板、
炉灶的使用顺序

　　除了 "一"字形排列外，厨房橱柜的布局还有平行形、"U"形、"L"形等排列方式，如图 5-36 所示。

4. 餐厅+厨房

　　餐厅和厨房有着天然的亲密关系，因此在家居空间设计时，两者往往空间相通、风格相同。

　　（1）分离型

　　如图 5-37 所示，厨房成独立空间，可以将油烟阻隔。

　　（2）面对面型

　　厨房和餐厅在同一空间里，被餐台隔开，烹饪者和用餐者可以交流，如图 5-38 所示。

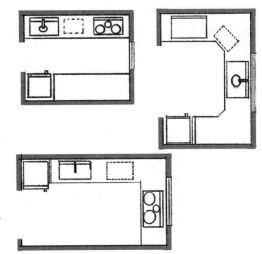

图 5-36
橱柜布局形式

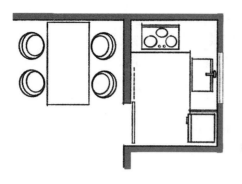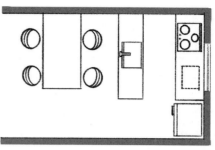

图 5-37（左）
分离型
图 5-38（右）
面对面型

（3）岛型

厨房、餐厅和客厅基本上融为一体。餐厅以柜台的形式出现，用餐者与烹饪者之间的距离进一步拉近，如图 5-39 所示。

5. 客厅＋餐厅＋厨房

很多房屋在格局上喜欢将客厅与餐厅放置在同一空间中，加之开敞式厨房的应用，使得三个空间融为一体。但由于三者分工不同，特别是厨房涉及水、油等，较容易污染空间。因此，在房屋设计时应该考虑在不影响空间整体的情况下，有效阻隔污染物，并进行空间划分。常用空间划分手段有家具间隔、隔墙间隔、隔断间隔、窗帘间隔等。

如图 5-40 所示，为了让三个空间通透、整体，可选用家具作为间隔手段。

视频 13
厨房空间与行为计划

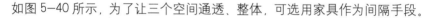

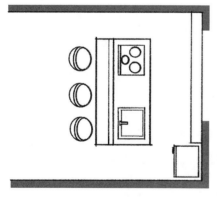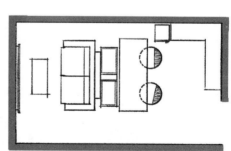

图 5-39（左）
岛型
图 5-40（右）
客厅＋餐厅＋厨房组合

5.4.2 客厅、餐厅、厨房空间与设施尺度

1. 客厅空间与设施尺度

客厅主要家具是沙发和茶几。常见沙发尺寸为单人位沙发 760mm×970mm×1000mm（长×宽×高），双人位沙发 1620mm×970mm×1090mm，三人位沙发 2200mm×970mm×1000mm。而茶几因其造型多变，根据沙发尺寸及空间大小而定。

如图 5-41 所示，一组面对面沙发布置，沙发与茶几之间空隙应不小于350mm，可供行走通道应不小于 500mm。如果沙发前有 500mm 以上的空间，就可以伸展双腿，如图 5-42 所示。

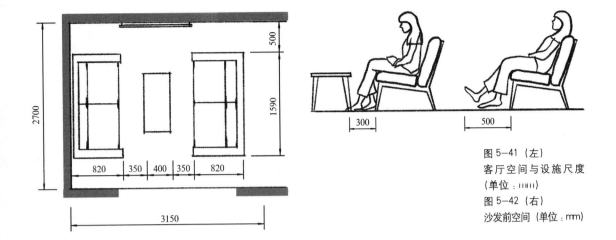

图 5-41（左）
客厅空间与设施尺度
（单位：mm）
图 5-42（右）
沙发前空间（单位：mm）

2. 餐厅空间、厨房空间与设施尺度

（1）餐厅空间与设施尺度

用餐空间将影响整个餐厅空间的布局。如图 5-43 所示，一个人用餐所需要的空间大约为宽度 600mm、深度 800mm。

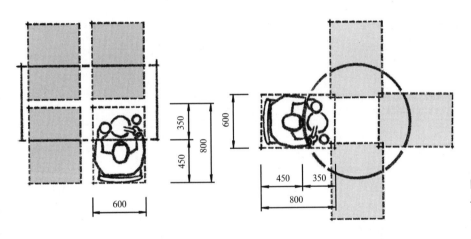

图 5-43
单人用餐空间
（单位：mm）

如果有人在用餐者身后经过或是可以自由地拉出餐椅，深度将进一步拉大，大约为 1200mm，如图 5-44 所示。

如果餐厅需要放置一个餐边柜，要考虑餐边柜使用时的空间尺寸以及与餐桌椅之间的关系，如图 5-45 所示。

（2）厨房空间与设施尺度

橱柜需要根据空间情况和使用者情况进行定制，如图 5-46a 所示。另外，操作台不宜设置过满，应该有适当富余空间，如图 5-46b 所示。

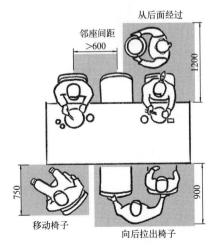

从后面经过

邻座间距
>600

移动椅子

向后拉出椅子

图 5-44
多人用餐空间
（单位：mm）

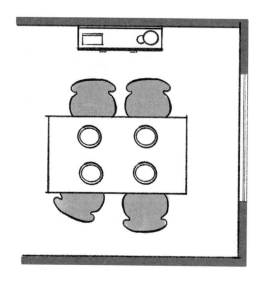

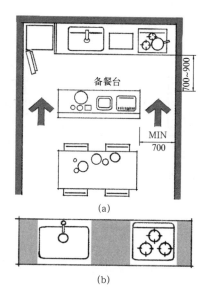

图 5-45（左）
餐边柜与餐桌

图 5-46（右）
厨房空间与设施尺度
（单位：mm）

（3）餐厅+厨房与设施尺度

中岛是开放式厨房中独立出来的一个小台面，可以把它看作是橱柜的一部分，如图 5-47 所示。以开敞式岛型厨房为例说明各设施尺度之间的关系。通过中岛将餐厅和厨房划分成两个区域，即烹饪区和客厅餐厅区。烹饪区的工作范围为 700 ~ 1300mm；中岛台高度根据性质确定，如备餐需要高度宜为 800mm、便于交接食物的高度为 1100mm。

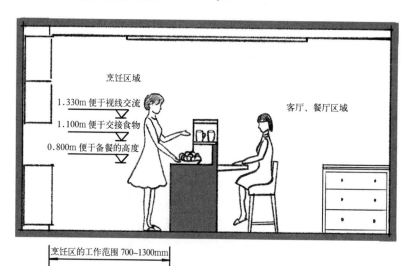

图 5-47
餐厅+厨房与设施尺度

5.4.3 客厅、餐厅、厨房空间设计要点

1.风格明确

客厅、餐厅、厨房作为家居空间中的共享空间，风格应明确统一。可根据使用者的喜好确定设计风格。

2.合理划分客厅、餐厅、厨房空间

如果三者空间相通，可通过家具、隔断等将空间合理划分，以便于日常

生活使用需要。特别是对于厨房这类污染较重的空间，可进行独立分隔，以防油烟等进入起居空间。

3. 规划收纳空间

厨房空间在橱柜的选择和设计上要充分考虑厨房用品的摆放和储存。另外，客厅和餐厅是家庭成员聚集的场所，家具顶面常作为物品临时存放区，造成环境混乱、不整洁。在空间面积允许的情况下，在餐厅或客厅处放置一个储物柜。

4. 餐桌的选择与摆放

大空间餐厅餐桌的选择余地要更多，圆形、长方形都是不错的选择；小空间餐厅餐桌根据使用者数量的不同可选用四人方桌或长方形餐桌；对于空间小、偶尔需要提供多人用餐环境时，可选择具有伸缩功能的餐桌或折叠餐桌。

5. 冰箱应放置在距离厨房较近的地方

采购的食品可以不进厨房直接放入冰箱，而在做饭时，第一个流程即为从冰箱中拿取食品。冰箱的附近要设计一个操作台，取出的食品可以放在上面进行简单的加工。冰箱不宜放置在厨房深处，很多不参与厨房工作的家庭成员，也经常会使用冰箱。放置在厨房门口更为方便。

6. 厨房橱柜功能尺寸应参照使用者习惯设计

很多家具可以在商店自行选购成品，但唯独橱柜通常需要定制。根据使用者自身情况（身高、使用习惯等）和厨房空间情况做出合理的设计方案，而非泛泛设计。

7. 垃圾的存放与处理

厨房里垃圾量较大，气味也大，易于放在方便倾倒又隐蔽的地方。比如，在水槽下的矮柜门上设一个垃圾桶，或者设可推拉式的垃圾抽屉等，如图5-48所示。

■ 任务实施

1. 任务内容：如图5-49所示，根据平面图，设计客厅、餐厅、厨房空间，并完成各空间平面布置图和橱柜设计图。

图 5-48（左）
垃圾的存放与处理
图 5-49（右）
原始室内平面图
（单位：mm）

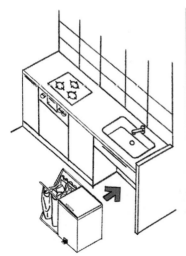

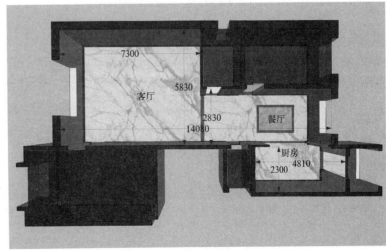

2．任务要求：

（1）满足一家五口日常需求，具体情况参见表5-7。

家庭成员情况说明 表5-7

家庭成员	年龄（岁）	职业	身高（cm）	日常共享空间需求
爷爷	68	退休	173	看电视、会客、喝茶、下棋
奶奶	65	退休	160	看电视、会客、喝茶、做饭
母亲	35	公司职员	165	看电视、会客、看书、品酒、做饭
父亲	37	程序员	177	看电视、会客、喝茶、品酒、做饭
孩子	6	小学生	120	看电视、玩玩具

（2）平面布置图。

要求：1）A3图纸完成，比例自定，要求有图框、标题栏等。

2）表现手法不限，手绘、计算机辅助设计均可。

3）标明各设置之间尺寸关系。

（3）橱柜设计图，包括三视图（外观图）、内部结构图等。

要求：1）A3图纸完成，比例自定，要求有图框、标题栏等。

2）表现手法不限，手绘、计算机辅助设计均可。

3）标明各零、部件之间的尺寸关系。

3．所需文件内容：

（1）封皮（A3图纸）；

（2）空间设计说明（A3图纸）；

（3）平面布置图（A3图纸）；

（4）橱柜设计图（A3图纸）。

任务5.5　卫生间设计

■ 任务引入

卫生间的出现是由原始社会向文明社会演变的重要标志。虽然，在整个居室空间中所占面积不大，但它的重要性不容小觑。

本节我们的任务是通过人的行为计划和设施尺度，展开对卫生间的分析，了解其深刻的设计内涵。

■ 知识链接

卫生间基本由坐便（或蹲便）、洗手盆、淋浴（或浴盆）组成。除此之外，根据空间情况和使用者需求，卫生间内还会设置储藏空间、更衣空间、洗衣空间等。

5.5.1 卫生间空间与行为计划

卫生间与其他空间相比面积较为狭小，但承担的责任十分重大。在有限的空间内合理地布置各洁具位置，将提高使用效率、增加使用时的舒适性。当然，对于室内设计来说，很多时候坐便（蹲便）和淋浴（盆浴）等主要上下水的位置是很难轻易改动的。

常见卫生间设备有浴缸、淋浴、更衣、马桶、盥洗等，如图5-50所示。

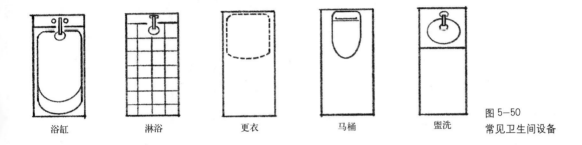

浴缸　　　　淋浴　　　　更衣　　　　马桶　　　　盥洗

图5-50
常见卫生间设备

1. 卫生间干湿处理

干湿分离，一般是将洗手盆＋洗衣机与坐便（蹲便）＋淋浴（盆浴）进行分离。如图5-51a所示，两个空间看起来都很狭小，但优点是同时使用两个空间不会互相干扰。

干湿不分，所有的洁具和电器设备都在一个空间内。如图5-51b所示，空间看起来更宽敞，但洗手的人和如厕的人不能同时使用卫生间。

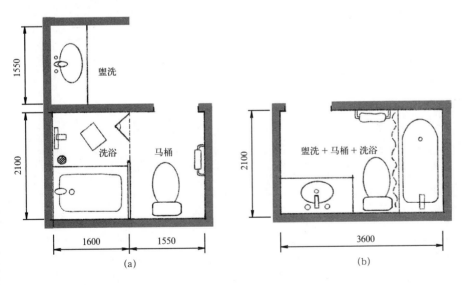

(a)　　　　　　　　　　　　(b)

图5-51
卫生间干湿处理
（单位：mm）
(a) 干湿分离；
(b) 干湿不分

2. 坐便（蹲便）与入口处的关系

如图5-52所示，A、B两个卫生间格局相同，但是A空间坐便器的位置直接对准门口，而B空间坐便器在入口的左侧。相比之下，B空间的设计更为合理。设计中应尽量避免私密的坐便与门直接相对。

3. 卫生间空间行为计划

无论卫生间空间有多么狭小，基本的功能还是需要保障的。如图 5-53 所示，两个卫生间所需功能有洗澡、盥洗、如厕。图 5-53a 面积较大，可放置浴盆、宽大的洗手台面；图 5-53b 面积较小，可设置淋浴、悬挂式手盆，坐便的尺寸也要缩小。

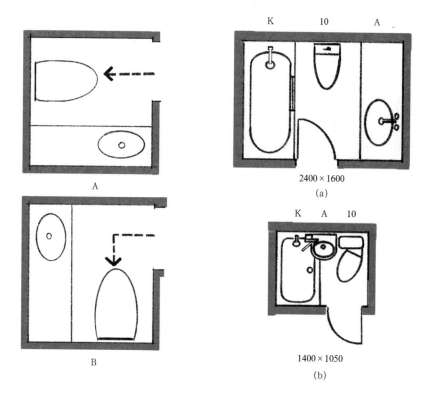

2400×1600
(a)

1400×1050
(b)

图 5-52（左）
坐便（蹲便）与入口处的关系
图 5-53（右）
卫生间空间行为计划
（单位：mm）
(a) 大空间；
(b) 小空间

5.5.2 卫生间空间与设施尺度

1. 坐便器

常见坐便器的宽度为 300 ~ 500mm，高度 700mm，长度 500 ~ 600mm。根据卫生间空间情况选择不同类型的坐便器及布置方式。如图 5-54 所示，空间较小的卫生间，只能容纳一个坐便器。

如图 5-55 所示，空间较大的卫生间除安装坐便器外，还可以设置洗手盆。随着人们生活质量的不断提高，家庭卫生间的空间变得越来越大，所安置的洁具也越来越丰富。

2. 淋浴

为了在淋浴时方便取放物品，可在距喷头 150mm 处设置毛巾架、洗浴用品放置架。

3. 洗手盆和梳妆镜

卫生间内洗手盆和梳妆镜的安装高度应充分考虑使用者的身高和使用习惯，肥皂盒、洗面奶、剃须刀、化妆品等应放置在洗手盆旁边，并且需要在梳妆镜旁配置电源，以便使用吹风机等设备。

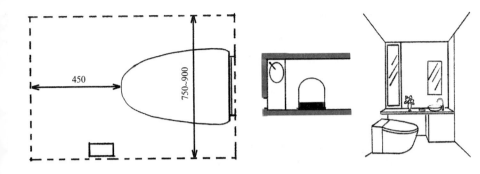

图 5-54（左）
仅安装坐便器的卫生间（单位：mm）
图 5-55（右）
多功能卫生间

5.5.3 卫生间空间设计要点

1. 卫生间地面应采用防滑地砖

卫生间涉水较多，宜采用耐水、防滑的地面材料，以防摔倒。

2. 墙面防水防潮处理

卫生间的墙面需要注意防水问题，特别是在沐浴区，其周围的墙面在涂刷防水涂料的时候需要涂刷到1.8m处。

3. 卫生间最好采用自然采光和自然通风

采光窗地比不小于1/10，通风口面积不小于地面面积的1/20。无通风窗口的卫生间，必须设置通风道或机械等措施排气。

4. 充分规划储物空间

开放式储物和封闭式储物相结合。而对于私密性较高的物品可以隐蔽储藏。

5. 干湿分离不要盲从

干湿分离是当下很常见的一种设计手法，但并不适用于所有家庭。如果不能完全将卫生间一分为二，可以选择更为多变且灵活的干湿分离形式，如通过浴帘将空间临时分隔。

6. 浴缸的选择

不是所有卫生间都需要设置浴缸，特别是对于一些小空间。而且对许多人来说，泡澡要远远少于淋浴的次数。当然，对于空间较大的卫生间，可以考虑浴缸的设置。

7. 设置安全扶手和座椅

老年人久坐（蹲）后起身易产生头晕现象，存在跌倒危险。在坐便旁设置一个扶手将便于起身和入座。

■ **任务实施**

1. 任务内容：如图5-56所示，根据平面图，展开卫生间设计。

2. 任务要求：

(1) 满足一家六口日常需求。

(2) 平面布置图、立面图。

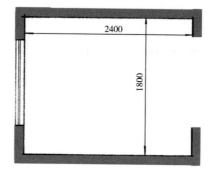

图 5—56
原始卫生间平面图
（单位：mm）

要求：1）A3 图纸完成，比例自定，要求有图框、标题栏等。

2）表现手法不限，手绘、计算机辅助设计均可。

3）标明各设置之间的尺寸关系。

3. 所需文件内容：

（1）封皮（A3 图纸）；

（2）空间设计说明（A3 图纸）；

（3）平面布置图（A3 图纸）；

（4）立面图（A3 图纸）。

6

项目六　公共空间设计与人体工程学

■ **项目目标**

公共空间为人们日常工作生活提供便利，是人际交往的主要场所。各种类型的公共空间承载的功能不同，设计的方法也不同，但最终目的是满足人们的各种需求。项目六将带领大家共同进入公共空间设计与人体工程学的学习，通过对室内环境中人的心理因素与行为习性的分析，展开对商业空间、餐饮空间、展厅空间的设计分析。

■ **项目任务**

表 6-1

项目任务	关键词	学时
任务 6.1 室内环境中人的心理因素与行为习性	心理因素、行为习性	1
任务 6.2 商业空间设计	消费行为、商业空间、店堂空间组织与行为计划、设计原则	2
任务 6.3 餐饮空间设计	餐饮行为与就餐心理、餐饮空间、行为计划、设计原则	2
任务 6.4 展厅空间设计	观展行为、展厅的识别与定位、展示的流线与导向、空间设计	2

任务 6.1　室内环境中人的心理因素与行为习性

■　任务引入

　　一个好设计的界定是怎样的呢？豪华的装修、高级的陈设、功能齐全的设备……每个人心中都有个标尺。但无论有多少界定，最终为的是能够提供舒适的生活空间。"人"是极为复杂的物种，"设计"是极为复杂的工作，两个复杂将碰撞出各式各样，意想不到的奇幻效果。

　　本节我们的任务是通过学习心理因素和行为习性，分析生活与设计的内在关系。

■　知识链接

　　人的心理活动的内容来源于客观现实和周围的环境。每个人的所想、所做、所为均由两个方面构成，即心理和行为。习惯上把"心理"看作是人的内部活动，而"行为"是外部活动，但两者将同时影响人的活动。

6.1.1　心理因素

　　本书中所涉及的心理因素主要有心理空间、个人空间、人际距离、领域性、幽闭恐惧和恐高症。

　　1.心理空间

　　在前面的学习中了解了人体尺寸及人体活动空间，这些决定了人们生活的基本空间范围。然而，人们对空间的满意程度，并不仅仅来源于身体的尺度，心理的尺度也很重要，这就是心理空间。空间对人的心理影响很大，比如在一个色彩丰富、灯光绚烂的空间中居住生活，有的人会觉得很亢奋，而更多人表现出的却是很烦躁；相反如果是酒吧等特定场所，这个风格是不错的选择。可见人们在空间中的行为并不是随意的，而是受到了生理和心理的影响。了解了这些行为特征，对于空间环境的设计将会有很大的帮助，如图6-1所示。

　　2.个人空间

　　每个人的周围都有一圈看不见的边界，这就是个人空间。人们都不希望别人闯入这个边界，一旦有人闯入会对我们的生理和心理产生一定的影响。边界不是一成不变的，它会随着空间环境的变化放大或缩小。比如，在自习室、公园里总是想找到一个与人分开的座位；走在人行道上，也要与别人保持一定的距离。但在拥挤的公交车上，这种边界就会缩小。不适当的边界距离

图6-1
心理空间与生理空间

个人空间　　　　　　　个人空间

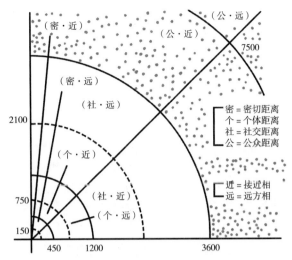

图6-2（左）
个人空间
图6-3（右）
人际距离的划分
（单位：mm）

会引起不舒服、缺乏安全感、激动、紧张、焦虑、交流受阻、自由受限等一系列状况，如图6-2所示。而适当的距离可以产生正面的、积极的效果。

3. 人际距离

人与人之间的距离大小因人们所在的社会集团和所处情况的不同而相异。无论是熟人还是陌生人，距离因人的身份不同（平级人员较近，上下级较远）而不同，身份越相似，距离越近。

赫尔把人际距离分为四种：密切距离、个体距离、社交距离和公众距离。每类距离中，根据不同的行为性质再分为接近相与远方相，如图6-3所示。

1）密切距离（0~450mm）：密切距离近程为0~150mm，是安危、保护、拥抱和其他全面亲密接触的活动距离；密切距离远程为150~450mm，有密切关系的人才使用的距离，如耳语等。

2）个体距离（450~1200mm）：个体距离近程为450~750mm，相互熟悉、关系要好的朋友或情人之间的距离。个体距离远程为750~1200mm，是普通朋友和熟人之间的交往距离。

3）社交距离（1200~3600mm）：社交距离近程为1200~2100mm，是不相识的人之间的交往距离，如商店里选购商品时陌生人之间的距离或是社会交往中默认被介绍给另一个人认识的距离。社交距离远程为2100~3600mm，是商务活动、礼仪活动的距离。

4）公众距离（3600~7500mm以上）：公共距离多指公众场合讲演者与听众之间、学校课堂上教师与学生之间的距离。公众距离近程为3600~7500mm，如讲演距离。公众距离远程为7500mm以上，严格来说公众距离远程已经脱离了个人空间，跨越进公共空间领域。

4. 领域性

领域性一词来源于动物界，指动物的个体或群体常常生活在自然界的固定位置或区域，各自保持自己的一定的生活领域，以减少对生活环境的相互竞争。人作为一种高级动物，同样具有领域性，只不过不再具有生存竞争，更多是心理上的影响。

领域性与个人空间相似，都是一种涉及人对社会空间要求的行为规范。但两者又不同，领域的位置是固定的，比如你的家、教室里你的座位等（图6—4）。

图6—4
领域性

领域可分为私人领域和公共领域。私人领域（如房产）是由一个人占领，占有者有权决定其他人是否可以进入他的领域；公共领域（如商场、电影院、医院、酒店等）不能一个人占领，任何人都能够进入。对于设计师来说公共领域中的私人领域设计将成为公共空间设计的重点。一般有两种解决方案，第一种方案是增加私人空间，降低人的密度；第二种方案是通过增加遮挡装饰（如屏风、植被、造型墙等）制造私人领域。

5. 幽闭恐惧

幽闭恐惧是对封闭空间的一种焦虑，在人们的日常生活中可能会遇到，有的人重一些，有的人轻一些。比如乘坐电梯或在飞机狭窄的机舱里，有人会产生一种恐惧心理。这种恐惧来源于对自己生命的危机感，如图6—5所示。

如何避免人们在室内密闭的空间中产生危机感？加窗无疑是最好

图6—5
幽闭恐惧

的方式，研究发现窗对于人的最大作用并不是通风和采光（因为两者都可以通过其他方式获得），而是帮助人与外界取得联系。那么，有些空间不适宜设置窗，可以通过安装电话来解决与世隔绝的问题。

6. 恐高症

电影《人猿泰山》中泰山可以悠然自得地荡于林间树梢，但这是人类做不到的。

登临高处，会引起人血压和心跳的变化，登临的高度越高，恐惧心理就越重。即使是加设了一些保护性措施，也难消除人们的恐惧，如图 6—6 所示。

图 6—6
恐高症

6.1.2 行为习性

本书中所涉及的行为习性包括捷径习性、左侧通行与左转弯、识途性、从众性。

1. 捷径习性

捷径习性是指人在穿过某一空间时总是尽量选取最"简捷"的路线，即使有其他影响因素也是如此。如图 6—7 所示，到达前方的场馆需要绕过一片绿化带，很多人为了"便利"，从草地中间穿插过去，以减少路程。

在日常生活中这种"抄近路"的行为很常见，比如在一些交通流量大的交叉路口，会有人不顾交通规则，自顾自地"开辟"捷径之路，不但影响了交通秩序，甚至会危害人身安全。但抛弃违章问题，如果在道路的设计上，更注重人的使用习惯和心理需要，也许这种违规"抄近路"行为能够得到改善。日本十字路口的人行横道采取对角线斜穿的方式，缩短了路程，如图 6—8 所示。

2. 左侧通行与左转弯

除了少数一些国家外，一般的交通规则都是右侧通行，我国也是右侧通行的国家之一。然而，在没有交通规则干扰的街道、广场、步行街、商场等公共场所，在人群密度较大（达到 0.3 人 /m^2 以上）时，人们常采取左侧通行的方式。在单独步行的时候沿道路左侧通行的则更多。这种左侧通行的习性对于展览厅、商场等设计具有重要的参考意义。

图 6—7（左）
捷径习性
图 6—8（右）
日本十字路口人行横道设计

除了左侧通行外左转弯也是常见现象，甚至要多于右转弯。在电影院不论入口的位置在哪里，多数人沿着观众厅的走道成左转弯的方向前进；美术馆参观的观众左转弯的人数是右转弯的3倍；在体育运动

图 6–9
跑道设计

中赛场的跑道很多也是左回转的，如田径、滑冰、赛车等，如图 6–9 所示。因此，在空间的布局和动线的设计上，充分考虑人的行为特点，将有助于提高空间功能效率。

3. 识途性

在感受到了危险时，又沿着原来的路返回的习性，称为识途性。

当遇到火灾时，很多遇难者都会因找不到安全出口而倒在电梯口，因为他们都是从电梯口来的，而此时电梯会自动关闭。所以越在慌乱时，人越容易表现出识途性行为。因此，安全出口在设计时往往距离电梯口很近，方便人们找寻。

4. 从众性

指个人的观念与行为由于群体的引导和压力，不知不觉或不由自主地与多数人保持一致的社会心理现象，通俗地说就是"随大流"。

从众行为一般有以下表现形式：一是表面服从，内心也接受，所谓口服心服；二是口服心不服，出于无奈只得表面服从，违心从众；三是完全随大流。

■ **任务实施**

1. 任务内容：谈谈生活与设计的内在关系。

2. 任务要求：

(1) 完成不少于 2000 字的论文。

(2) 用身边的生活案例说明人的心理因素与行为习性之间的关系以及对设计的影响。

任务6.2　商业空间设计

■ **任务引入**

从古至今，商业环境是在商品交换中发展起来的。没有商品交换就没有商店，从物物交换到一般等价物为媒介的商品交换，再到货币作为媒介的交换，经历了漫长的发展过程。在交换形式的演变中，也逐步形成了由无定所买卖、集市贸易、摊铺小店、综合商店、超级市场、购物中心等一系列购物环境的变化。可见，购物环境影响着商业行为，好的商业空间不但可以提升商品的展示品味，也同样促进消费者的购物欲望。

本节我们的任务是通过消费行为与购物环境、商业空间类型与特点、店堂空间组织与行为计划、商业空间设计原则等内容的学习，展开对商业空间设计的讨论。

■ **知识链接**

商业行为表现在两个方面，即消费者和营销者。消费者的购物行为和营销者的销售行为对环境提出了不同的要求。而设计师要将两种不同的要求合理地融合在一起，营造顾客和业主各自需要的商业空间。

6.2.1 消费行为与购物环境

消费是我们生活中必不可少的事情。随着生活质量的提高，人们的消费行为已不再是只为了吃饱饭不挨饿、穿得暖不受冻的阶段。而是提升到了一种消费精神享受的层面。

1. 购物心理与行为目的

人的购物心理活动直接支配着购买行为。这个过程大致分为六个阶段：认识——识别——评定——信任——行动——检验。这六个阶段可以概括为三种不同的心理过程：认知过程——情绪过程——意志过程。

（1）认知过程

认知过程是购买行为的基础。试想一下买衣服的过程是怎么样的？

第一步：需要四处浏览形成购买衣服风格样式笼统的"印象"；

第二步：在过程中某几件衣服引起了我们的格外的"关注"；

第三步：运用已有的知识、经验，综合地"考察"商品，这个过程消费者可以借助视觉、听觉、触觉、嗅觉、味觉和感觉来接受产品各种信息，从而判断商品购买的可行性；

第四步：从理性上的"认识"到感性上的"欲望"帮助购买者确定商品。

（2）情绪过程

人的购物行为，常常受商品展示环境的吸引。宽敞舒适的购物环境、精美生动的橱窗展示、热情耐心的服务态度，都会为交易成功增加砝码。

消费者情绪的产生和变化主要受到下列因素的影响：

1）购物环境的影响。说明店堂装修的重要性。

2）商品的影响。说明商品展示的重要性。

3）社会情感的影响。说明商业广告宣传的重要性。

消费是人的生理和心理需要双重因素共同作用的结果。消费者不但想要得到所需要的商品，而且更希望挑选自己满意的商品，还需要拥有购物的舒适感和快感。

（3）意志过程

消费已经不仅限制于生理的需要，还要满足心理上的需求。挑选自己满意的商品，去自己喜欢的商店，去追求购物过程的舒适感。

2. 购物心理对购物环境的要求

不同顾客的需求目标、需求标准、购物心理差异，都会表现在各式各样的购物行为上。无论有何不同，最终目标是一致的，就是物美价廉、购物方便。

(1) 便捷性

对于多数人来说，同样的商品即使价格贵一点也会选择就近购买，因为即便有大把的时间，长途劳顿、交通费或是之后退换货等客观因素也会促使多数人选择更近的商店。

小商店、连锁店、售货亭就是便捷购物的代表，它们分散在居住区密集的场所，多数居民可以步行或骑自行车购物。而大型的综合商场、超市、购物中心，虽然不像连锁店那样分散，但货品的多样性和丰富性还是会吸引人们远道而来，对于此类商店没有什么比交通便捷、能提供充足车位更吸引人了。

购物环境的便捷性不仅表现在商场的位置上，商业空间内部同样也存在着商品选购的便捷性问题。醒目的引导指示标牌、科学的商品分类与陈设、热情周到的人性化服务将带来购物的便捷感受。

(2) 选择性

"货比三家"一直是购物制胜宝典，说明了选择的重要性。多比较、多观察、多认识、多选择才能最终购买到满意商品。因此，从古至今店铺们喜欢集中在一起，形成多商家、多商品、多花样、多信息的整体购物环境。这种商业集聚效应源于人们的从众行为习性。在当今，提到"中关村"人们想到的是电子商品聚集地，而不会特意记住有哪些店铺、都叫什么，只知道买电子配件去那里就对了。

同样，购物环境的选择性也体现在店内，如果将不同品牌的同一商品放在一处销售，会给顾客带来便利，成交机会也会更大。

(3) 识别性

经营同类商品的店铺有很多，如何让顾客能够找到所信任的店家，这就产生商店识别性的问题。很多优秀的企业不仅在商品质量、服务等方面优于其他商家，还特别注意外在形象是否能给顾客留下深刻印象。因此，店铺的外观形象、主题颜色、装饰造型等都要反映该品牌商品的义化特点，形成固定的形象标志。很多时候顾客不看店名，只需要通过一些形象的标识便可知晓品牌内容。

(4) 舒适性

无论买不买东西、消不消费，逛商店这件事是很多人乐此不疲的。边走边看，意外收获也是时有发生的事。购买的目标和欲望，往往来源于"逛"。

舒适的购物环境可以使人慢下来，静静体会、慢慢欣赏；而拥挤混乱、狭小阴暗、闷热不通风的环境，只会让顾客来也匆匆、去也匆匆。

(5) 安全性

"货真价实"是人们追求购物安全的第一标准，也是最能吸引顾客之所在。在网络消费日益盛行的当今社会，还有很多人乐此不疲地去实体店购买商品，原因在于"眼见为实"。

除了购买商品的安全性外,店堂空间的安全性也十分重要。作为公共场所、人流密集区,要有充分的可供顾客停留的空间、应急疏散出口、明确的安全警示标志以及训练有素的工作人员。另外,防盗也是商业空间设计时必须要解决的问题。

6.2.2 商业空间类型与特点

商业空间涉及三个方面:一是买卖双方的人(顾客和业主)即商业空间环境的主体,缺少任意一方就没有商业活动;二是商品(物);三是提供商品交易活动的场所(空间)。在三者中,人是流动的,物是活动的,只有空间是固定的。如图6—10所示。

不同类型的商业空间,根据功能要求、商品特点就有了不同的店堂空间形式。常见的店堂空间主要有货摊和销售亭、中小型商店、中小型自选商店、大型百货商店、超级市场和购物中心几种形式。它们各有特点,满足着不同顾客和业主的需要。

1. 货摊和销售亭

无论生活水平如何突飞猛进地发展,自古以来都少不了遍布街头巷尾的路边货摊和销售亭。这种商业空间因其灵活性、流动性、便利性、经济实惠性,深受广大人民群众喜爱。

货摊一般分为完全开敞式(只有展示商品的台子,没棚子)、半敞开式(有顶棚或三边围挡,可遮风避雨)。一个货摊难成规模,如果是一排排、一列列,就可以形成一个开放型市场。如夜市、跳蚤市场等多为货摊式经营,售卖的物品多以小商品或旧物为主,如图6—11所示。

销售亭较货摊更为正规,有较为完整的商业空间,但销售亭较少连成一片出现。因其独特的建筑造型,深受人们喜欢,如图6—12所示。

业主基本上占满了货摊和销售亭的店堂空间,顾客们多在店外或棚下。因此,店堂空间不需要过多的装饰。

图6—10
商业空间构成基本要素

图6—11(左)
夜市摊位
图6—12(右)
销售亭

2. 中小型商店

中小型商店是零售商店的最主要的一种类型，它广泛分布在城市的每一个角落，经营各种门类商品。此类商店面积一般不大，多与其他性质的建筑合建。

中小型商店经营商品品种繁多，也就形成了各种性质的商业空间，如杂货店、服装店、首饰店、手机店等。因为经营内容和方式的不同，在室内外空间环境设计时也有不同的处理方式。

（1）杂货店

"杂货"顾名思义就是很多类型小件商品聚集的商店，因其种类多、日常需求量大，常常出现在居民区聚集地。

杂货店空间布局一般有两类：

一是通过货柜将商品与顾客分离，商品需要通过服务人员进行取递，如图6-13a所示。

二是开敞式购物，顾客可自行从货架上挑选商品，并在离开前到收银处结账即可，这种形式让购物更自在，也减轻了服务人员的工作量，如图6-13b所示。

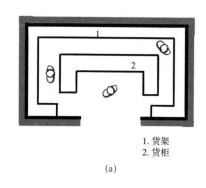
1. 货架
2. 货柜

（a）

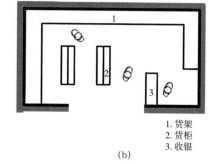
1. 货架
2. 货柜
3. 收银

（b）

图 6-13
杂货店平面图
（a）商品与顾客分离；
（b）开敞式购物

（2）服装店

服装店一般经营男装、女装、童装或是综合性服装销售。因其销售的类型不同在空间设计上也略有差异。如儿童服装店在店堂设计上应考虑色彩多样且鲜亮，试衣间、试衣镜、穿鞋凳等设施尺寸应充分考虑儿童的使用要求。

服装店空间布局一般采用开敞式，便于顾客直接挑选，并附试衣间和休息等候区，店堂部分空间应为商品展示所用，如图6-14所示。

（3）首饰店

首饰相对其他商品价值高且体积较小，所以商品陈列柜除了具备展示功能外还应考虑收纳及防盗。对于一些价值不菲、重量级展品，可设独立展区，从而吸引顾客目光，如图6-15所示。

陈列柜、展柜的设计需满足顾客视觉要求，便于展示商品为宜。

（4）手机店

手机店装修风格依据所售手机品牌而定，同种品牌手机店的装修基本上

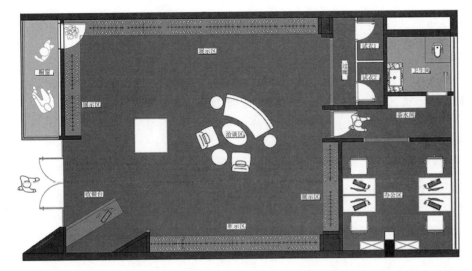

图 6-14
服装店平面图

图 6-15（左）
首饰店
图 6-16（右）
手机店

是一致的。手机同首饰一样要求陈列柜具有收纳及防盗功能。另外，店堂内需要设置客户体验区，顾客可与手机零距离接触，体验功能和使用感受。店堂空间一般光线明亮、简洁宽敞、体现科技感，如图 6-16 所示。

3. 中小型自选商店

这类商店的最大特点是方便顾客。店内有少量服务管理人员，让顾客自行挑选所需要商品，并统一在出口处付款。它的经营范围很广，一般连锁超市就采用此类形式。

店堂环境简洁、明亮，较多考虑使用功能的需要，不做过多装修。因此，常常会在此类商店顶棚看到裸露的通风管道等建筑设施。

4. 大型百货商店

大型百货商店是商品品种齐全、包罗万象的零售商店形式，其最大的特点就是综合性。此类商店基本可以提供一站式服务，使顾客满足多种类购物需求，以减少购物时间和购物劳累。

大型百货商店因其商品种类和数量较多，故面积较大，一般为多层建筑，内设自动扶梯和运货直梯。为减少店堂空间过大和天然采光不足，可设计中庭。

5. 超级市场

与自选商场类似，但较之销售的物品种类更多、空间更大。采用开敞式购物形式，以计算机管理为主，配有少量服务管理人员。

6. 购物中心

在一定区域内有计划地集结在一起的大型综合性商业网店群。为消费者提供了逛街、购物、娱乐、餐饮等多方面服务的商业环境，也为人与人交往提供了良好的室内活动空间。

6.2.3 店堂空间组织与行为计划

店堂空间是商业空间的内部环境，其空间组织规划离不开人的商业行为和知觉要求。

1. 店堂空间环境引导与行为计划

顾客在店堂内的行为主要表现为以下几种形式：

第一种，顾客只在店门口徘徊，而不进入店内（图6-17a）；

第二种，顾客从店堂空间穿过，即从一个入口到另一个入口（图6-17b）；

第三种，顾客绕店内空间一周（图6-17c）；

第四种，顾客迂回绕店堂空间一周（图6-17d）；

第五种，顾客只在局部空间停留较长时间（图6-17e）；

视频14
店堂空间组织与行为
计划

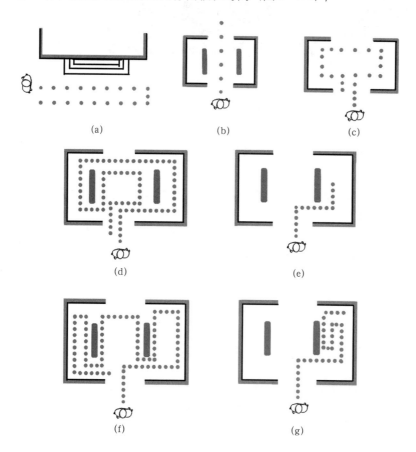

图6-17
店堂空间环境引导与
行为计划

第六种，顾客在店内曲折迂回，并多处停留（图6-17f）；

第七种，顾客在店内多次洄游（图6-17g）。

其中，第六种曲折迂回，能够遍及店内的各个角落，增强顾客对商品的了解。因此，在店堂空间设计上应兼顾空间形状与顾客行为两者的关系，增加顾客的洄游性。

如何将顾客引入店堂，并使顾客在店内有较多的停留、进一步触摸商品、使用商品，从而达到成交的目的，这是业主想要达到的根本目的，也是引导潜在购物的根本途径。常见的引导方式有以下几种：

第一种，入口后退，与橱窗结合，突出入口空间；

第二种，利用灯光将顾客引入纵深的商店出入口；

第三种，利用新颖、奇特的入口造型吸引顾客注意；

第四种，利用闪烁的灯光引导顾客。

2. 店堂空间构成、定位与划分

（1）店堂空间构成

店堂空间是由行为空间（即设备、陈列窗、商品、人的活动空间）、知觉空间（即满足视觉、听觉等要求）、实体空间（即顶棚、地面、墙面等）三部分组成。

行为空间又可分为购物空间和营销空间。其中购物空间包括通道、休息区、付款区等；营销空间包括货柜、货架、储藏区、办公区等。

（2）空间定位

空间定位指商品陈列和布置的功能分区导致的店堂空间划分。价格高、销售量低的商品一般展示在店堂内部或隐蔽处；销售量大的商品放置在店堂显著位置；促销商品、小件商品可放置在店面门口吸引顾客注意，如图6-18所示。

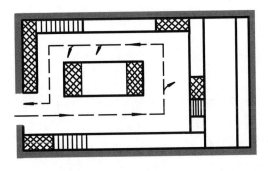
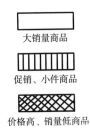

大销量商品

促销、小件商品

价格高、销量低商品

图6-18
空间定位

大型超市在空间定位上一般将家用电器、生活用品放置在入口处，食品特别是水果、蔬菜可能会沾上泥土的商品放置在出口处，而一些促销商品常摆放在顾客必经之路上。

大型百货商店、购物中心需根据人的心理活动进行空间定位，一般首层为化妆品、手表、首饰或一些高档品牌，这些商品因其外观光鲜亮丽、气味芳香宜人、品质高端大气，很容易吸引顾客上门，同时也体现了商店的档次；

二层往往是为不爱逛街男士准备的男装部；三层以上通常为爱美女士的天堂；逛累了、乏了，来顶层品美味。

（3）空间划分

空间划分关系到商品销售功能的发挥。一般有以下几种划分方式：

1）利用家具或隔断对空间进行水平向划分。货架、柜台、陈列台、供休息使用的沙发、座椅等都可对店堂空间进行划分，其特点是空间划分灵活、连续且便于重新划分，如图6-19所示。

2）纵向划分店堂空间。对于层高较高的店堂可设夹层；对于层高较低的店堂可通过打通楼板，使上下空间贯通等方式，减少低层高带来的压抑感，如图6-20所示。

3）利用地面和顶棚装饰划分店堂空间。通过局部吊顶、局部加高地面、改变地面材料等方式划分店堂空间，如图6-21所示。

图 6-19
家具或隔断对空间进行水平向划分

图 6-20
纵向划分店堂空间

图 6-21
利用地面和顶棚装饰划分店堂空间

3. 商品展示与陈列及店内通道

（1）商品展示与陈列

商品一般是通过橱窗、陈列柜等方式进行展示与陈列的。

1）橱窗

橱窗主要有三种形式：一是柜式橱窗，主要设置在临街或商店入口处；二是厅式橱窗，此类橱窗形式为开敞式，从室外就可以一目了然地看到店内商品的陈列情况；三是岛式橱窗，多用于大型商场内部。以上三种形式尺寸上没有特定要求，需根据店堂空间、门面尺寸、商品类型、展示设计等多方面综合考量，如图6-22所示。

2）陈列柜

陈列柜主要有三种形式，一是货柜，它既有橱窗又有售货面，一般高度为900～1000mm（箱柜略低），深度为500～600mm（纺织品柜稍宽），如图6-23a所示；二是货架，开敞型的放置商品，一般高为2400mm，深度为400～700mm，如图6-23b所示；三是柜式橱窗，多设在商店出入口或店堂内部。

(a)

(b)

(c)

(a)

(b)

图 6—22（上）
橱窗
（a）柜式橱窗；
（b）厅式橱窗；
（c）岛式橱窗

图 6—23（下）
陈列柜
（a）货柜；
（b）货架

（2）店堂通道

店堂通道是顾客购物的视觉、行为导向。通道的宽度设计要考虑顾客"逛"的需求，还要兼顾商品的数量、品质和种类。

按顾客在柜台空间距离为 400mm，每股人流宽 550mm，两边都有货柜时，则通道宽度（W）为：

$$W=2×400+550N \tag{6—1}$$

其中：N 为人流股数（一般可按 2～4 股计算）。

一般顾客购物面积与售货面积的比例约为 1：1。对于大型商业空间，考虑休闲需要，店堂通道宽度可适当增加。

6.2.4 商业空间设计原则

1. 商业空间总体布局设计原则

商品的展示和陈列应根据种类分布的合理性、规律性、方便性、营销策略等进行总体布局设计。

2. 综合考虑各方因素，明确空间风格和价值取向

根据商业空间的经营性质、理念、商品属性、商品档次、地域特点以及对应的消费人群特点，确定室内环境的风格和价值取向。

3. 准确诠释商品内在含义，营造个性化空间

准确诠释商品内在含义，运用新颖的店堂入口，灵动的橱窗，形成整体统一的视觉传递系统，鲜明的照明和色彩搭配，营造耳目一新的商业空间。

4. 营造自由购物体验氛围

购物空间不能给人拘束感、压抑感、干预性，要营造出令顾客充分自由、享受挑选商品的空间氛围。

5. 设施、设备完善

对于与人直接产生接触的设施和设备，要充分考虑顾客的使用感受，合理设计相应尺寸。可达到让人看得到、摸得到、使用得到。

6. 商业空间安全设计意识

防火设备、安全出口、疏散通道要用明显的指示标志；根据防火要求设置卷帘门、灭火器、挡烟垂壁等。对于贵重商品还应注意防盗。

■ 任务实施

1. 任务内容：如图 6-24 所示，根据原始平面图完成某专卖店平面设计。

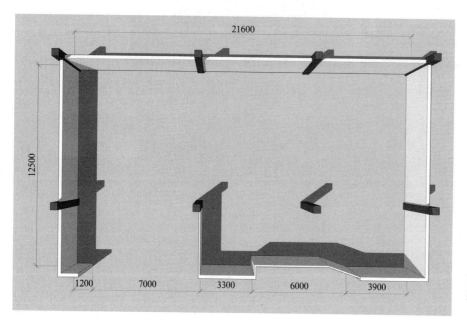

图 6-24
某专卖店原始平面图
（单位：mm）

2. 任务要求：

(1) 专卖店经营商品属性自定。

(2) 专卖店平面布置图设计。

要求：1) A3 图纸完成，比例自定，要求有图框、标题栏等。

2) 表现手法不限，手绘、计算机辅助设计均可。

3) 标明各设备、设施内容及尺寸关系。

(3) 设计方案中所涉及的橱窗、陈列柜、货架等需要绘制立面图。

要求：1) A3 图纸完成，比例自定，要求有图框、标题栏等。

2) 表现手法不限，手绘、计算机辅助设计均可。

3) 标明各零、部件之间的尺寸关系。

3. 所需文件内容：

(1) 封皮（A3 图纸）；

(2) 空间设计说明（A3 图纸）；

(3) 平面设计图（A3 图纸）；

(4) 设备、设施设计图（A3 图纸）。

任务 6.3 餐饮空间设计

■ 任务引入

《史记·郦生陆贾列传》中记载"王者以民人为天，而民人以食为天"。可见从古至今吃饭对于人们是十分迫切且重要的。社会动荡时吃饭是为了填饱肚子；现在社会安定，吃饭除了生理需要还要追求心理的满足。在琳琅满目的大街上，总有那么几个"馆子"吸引着我们的"味蕾"和"神经"，"味蕾"可以通过食物得到满足，而"神经"可以通过就餐环境得到填补。

本节我们的任务是通过餐饮行为与就餐心理、餐饮空间类型与行为计划、餐饮空间设计原则等内容的学习，展开对餐饮空间设计的人性化讨论。

■ 知识链接

餐饮空间设计不只是徒有外表的"面子工程"，还需要兼顾食品加工过程、人的用餐行为、餐厅环境氛围、日常经营管理等诸多内在因素。

6.3.1 餐饮行为与就餐心理

1. 餐饮行为

过去、现在和将来，人们的餐饮行为主要表现为果腹、温饱和舒适。三者的行为将对餐饮环境提出不同的设计要求。

（1）果腹

以填饱肚子为目标。因此，食物的制作标准、就餐的环境要求显然不是那么重要，即使在树下、屋檐下、棚子下或是在马路上边走边吃也可以达到用餐目的。今天，即使生活条件越来越好，这种"风餐露宿"的果腹型用餐行为依然深受上班、上学一族的青睐。比如，卷一张煎饼果子，开始新一天的生活。

（2）温饱

在吃饱的前提下，追求一下干净卫生的就餐环境和多选择性的食物内容。此类餐饮空间需要设有厨房、卫生间以及可以静下来慢慢品尝食物的餐桌椅。为此，餐厅可根据经营菜品类型、特色等对空间进行简单装修，满足食客基本心理需求。

（3）舒适

舒适型的餐饮行为就是将饮食文化作为生活的一种享受。经济条件改善、文化内涵提升，人们对食物的选择自由度也大大提高，于是对饮食和餐饮空间环境提出了更高的要求。为此，高品位的特色餐厅出现在城市中，丰富着人们

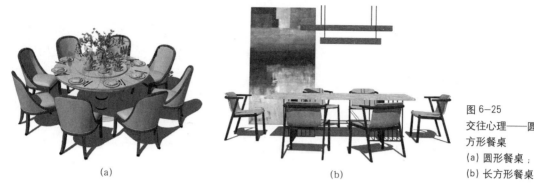

图 6-25
交往心理——圆形与长
方形餐桌
(a) 圆形餐桌；
(b) 长方形餐桌

的生活。中餐厅、西餐厅、韩餐、日料、各地风味美食，在满足"味蕾"的同时，其餐饮空间设计也为用餐的过程营造着浪漫、舒适、轻松、愉悦、奢华……的氛围。

2. 就餐心理

（1）交往心理

约上三两好友下个"馆子"，聊聊家常，是很多人闲暇时间喜欢的生活方式。"吃的不是饭，是感情"成为中国饮食文化中重要的情感因素。

4～6人用餐，方形或长方形餐桌比较适合交流。而更多人用餐则圆形餐桌更为合适。中餐馆喜欢使用圆形餐桌，圆形代表团团圆圆，并且主宾位次序不明显，体现融合与平等。除此之外，在圆形餐桌用餐的人交流和互动更容易，不易受到其他宾客的影响。在大型的宴会厅，圆形餐桌的使用频率要高于方形或长方形餐桌，如图6-25所示。

（2）观望心理

在公共场所用餐，很多时候注意力除了在食物或与同伴交流上，人们还会喜欢"东张西望"，观察餐厅环境、窗外美景或是邻桌用餐人的衣着品行、一举一动、菜品等。因此，很多人在进店后喜欢靠近窗户或是远离入口的地方，挑选一个"景色宜人"，适合"极目迥望"的用餐位置，如图6-26所示。

（3）私密心理

不是所有人都喜欢被"瞩目"，餐厅需要设计一些私密空间，满足不被打扰的用餐需求。为此，可在餐饮空间中划分出若干完全封闭（包房、包间）或半封闭式（卡座）的用餐区域，如图6-27所示。

图 6-26（左）
观望心理——餐桌位置
的选择
图 6-27（右）
私密心理与边界心理
——餐桌位置的选择
与装饰

（4）边界心理

边界心理意识驱使很多人不喜欢餐厅中间的桌子，会觉得被四周的人观察，没有依靠，没有安全感。相对来说，靠窗、靠墙等的位置更受青睐。为此，在餐饮空间设计时可以通过隔墙、隔断、家具、绿植、水体、栏杆等装饰物进行空间区域划分，尽量让所有餐桌都有所"依靠"，减少四面临空的现象，如图6-27所示。

6.3.2 餐饮空间类型与行为计划

餐饮行为的目的是满足人的生理和心理需要，由于餐饮空间经营内容的不同，导致餐饮空间环境设计的不同，从而引发了人们在不同类型空间中的行为差异。

视频15
餐饮空间组织与行为计划

1. 酒吧

酒吧是从西方引入的一种餐饮形式，在中国古代称为"酒馆"，是放松、娱乐、聊天、品酒的场所。

吧台和吧椅是酒吧代表性的家具，尺度较一般类型桌椅略高，坐在吧椅上便于与吧台内部的服务人员进行交流。另外，坐得高看得远，可轻松眺望空间内部情况，如图6-28所示。

酒吧空间的照明较为昏暗，多采用局部照明，光环境和色环境都采用低照度的暖色，从而形成热烈、欢快的空间环境。由于以休闲娱乐为主，因此饮食较为简单，不需要大厨房，仅设备餐间和小厨房即可。为了满足部分消费者私密性要求，会在空间中隔出一些封闭或半封闭式的座席。

图6-29为酒吧功能示意图。

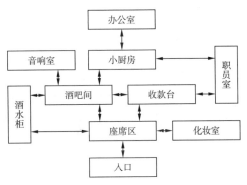

图6-28（左）
吧台与吧椅
图6-29（右）
酒吧功能示意图

图6-30为酒吧平面示意图。

2. 咖啡厅和茶馆

咖啡厅和茶馆都是比较安静、文艺的公共娱乐、休闲场所。

（1）咖啡厅

咖啡虽然是外来物种，但在我国流传了100多年（相传1884年台湾地区种植首次获得成功，从此中国才有了咖啡树）并且深受国人喜爱。咖啡厅空间

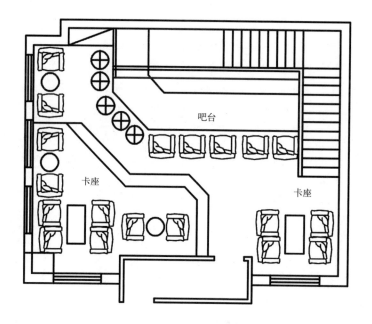

图 6-30
酒吧平面示意图

设计一般都带有欧美元素，喜欢用原木色作为装饰主基调，光环境和色环境较酒吧更加明快，仍然采用暖色系。

图 6-31 为咖啡厅功能示意图。

图 6-32 为咖啡厅平面示意图。

（2）茶馆

茶馆是中国的代表性场所，近年来喜欢喝茶的人越来越多，对茶文化的探究也越来越深入。茶馆空间设计多为新中式风格，讲究传统文化元素的运用，家具喜欢选用传统的圈椅、灯挂椅、官帽椅、太师椅、霸王枨方桌等。

3. 快餐店

快餐店顾名思义主打的就是"快"。快餐店空间设计讲究简单、明快，去

图 6-31（左）
咖啡厅功能示意图
图 6-32（右）
咖啡厅平面示意图

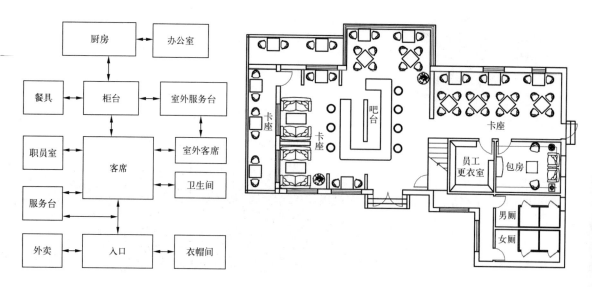

除过多的层次和繁杂装饰，家具设施也比较简单。顾客会到指定地点点餐和取餐，并且一般在点餐或取餐区域便可看到后厨工作情况。一些快餐企业还会在店门口设置外卖窗口，以方便过往顾客即买即走的需要。

图 6-33 为快餐店功能示意图。

图 6-34 为快餐店平面示意图。

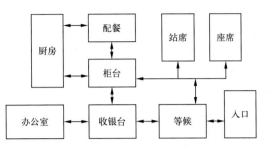

图 6-33
快餐店功能示意图

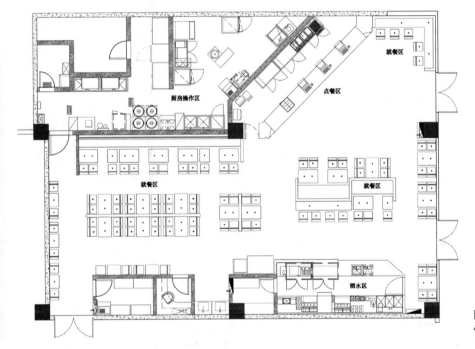

图 6-34
快餐店平面示意图

4. 餐馆

品尝一下特色美味佳肴，成为当今人们调节生活的选择之一。作为拥有着悠久饮食文化国度的人民群众，对吃的讲究程度已经上升到一定的高度。川菜、粤菜、卤菜、浙菜、闽菜、苏菜、湘菜、徽菜、东北菜……一系列国产菜系，再加上外来的韩餐、日料、泰国菜、法餐、意菜……让国人的嘴、胃、灵魂都得到了满足。

不同类型的菜系、菜品对餐饮空间的设计要求也有所不同，但风格的选择会与菜的发源地的风土特色相关。如中餐馆，中国传统家具、花格门窗、青花瓷、山水画等可作为空间设计的主要元素。

图 6-35 为餐馆功能示意图。

图 6-36 为餐馆平面示意图。

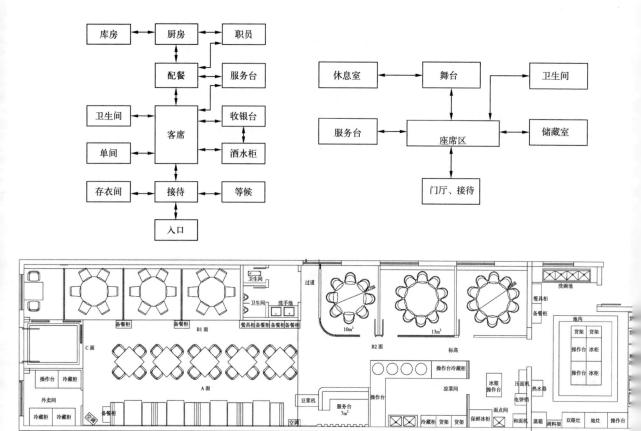

5. 宴会厅

宴请是社交活动最常见的一种形式。小型的宴请可能是几个人相聚，大型的宴请可能是几十人或上百人的聚会。宴请的动机各异，一般为亲朋相聚、同事聚会、婚丧嫁娶、会议宴请等，但他们共同的特点是要具备一定的私密性。

为了适应不同规模的宴请需要，宴会厅在设计时要具有较大的灵活性，可以通过移动屏风、帷幕等临时间隔宴会空间。为了适应等候、接待的需要，在宴会厅附近应留有休息区和接待区，特别要注意客人和服务人员的行走路线不能交叉，上菜和传菜应设专门的通道，如果厨房与宴会厅不在一个楼层，可加设传菜梯。大宴会厅要留有主桌或主席台位置，小宴会厅也要保证主宾的席位面向各方宾客，不宜有视线遮挡。

图6-37为宴会厅功能示意图。

图6-38为宴会厅平面示意图。

图6-35（左上）
餐馆功能示意图
图6-36（下）
餐馆平面示意图
图6-37（右上）
宴会厅功能示意图

6.3.3 餐饮空间设计原则

1. 家具选择应与空间风格相协调

餐厅家具重点是餐椅、餐桌、柜台。餐桌椅要根据餐厅环境氛围设计，特别是餐椅造型、色彩要有一定的特色，符合特定的文化气质。餐桌的大小依

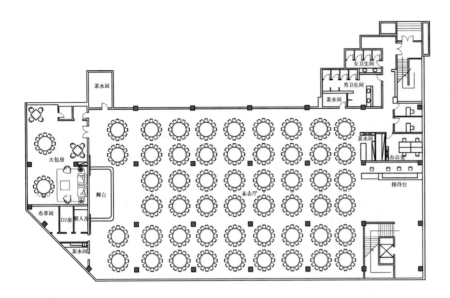

图 6-38
宴会厅平面示意图

据座席的数量而定，宴会厅一般用大圆桌，咖啡店一般用四人方桌。柜台要结合餐厅空间尺度和所在位置进行设计，并做针对性照明。

2. 照明设计营造良好就餐环境

餐饮空间一般有三种照明方式：一是，一般照明，主要是考虑照明在餐饮空间中的整体效果，要确定好照明在餐饮空间中的主题基调；二是，混合照明，考虑整体照明与局部照明进行组合之后的效果；三是，局部照明，主要用于突出餐饮空间中某一重点功能区的位置。照明设计将为就餐环境的营造起到重要的作用。

3. 座席排列错落有致，较少互扰

座席包括餐桌和餐椅，排列原则是错落有致，较少互扰。并结合隔断、柱子、地面等空间限定因素进行布置。

4. 色彩对就餐环境的影响

快餐厅宜采用明快的冷色调，即长波色相、高明度、低彩度的色彩。如白色、米色、浅橙色、灰绿色等。

特色餐厅、咖啡厅、茶馆、宴会厅等，宜采用暖色调，即中波色相、中明度、高彩度，如砖红色、杏色、金色、驼黄色等。

5. 适当地运用绿植可增添空间自然活力

运用攀藤、悬挂盆景、绿篱带等方式进行布置，可起到划分、美化空间的作用。

6. 装饰材料应环保、易于清理

很多餐厅涉及"煎炒烹炸"多油渍，尤其是地面宜选用易于清洗、防滑的材料。其他装饰材料要做到环保、无异味，否则将影响就餐心情。

7. 软装设计将提升空间品味

家具、陈设品、窗帘、靠垫、餐具、花艺等将影响餐饮空间环境氛围。设计和选择时，要注重整体和谐、局部鲜艳突出。

8. 通风、空调设计

　　要保证室内空气清新、无异味。尽量采用自然通风，在自然通风无法满足时可采用空调、新风系统等调节室内温度和空气质量。

9. 防火、防盗安全设计

　　作为人流密集的公共场所，防火、防盗安全设计尤为重要。防患于未然，要严格遵照消防法规要求进行防火设计，不要因为美观问题而遮挡消防栓、安全出口指示灯等设施。

■　**任务实施**

　　1. 任务内容：如图 6−39 所示，根据原始平面图完成某餐饮空间平面设计。

　　2. 任务要求：

　　（1）餐饮空间的经营类型不限。

　　（2）完成餐饮空间平面布置图设计。

　　要求：1）A3 图纸，比例自定，要求有图框、标题栏等。

　　　　　2）表现手法不限，手绘、计算机辅助设计均可。

　　　　　3）标明各设备、设施内容及尺寸关系。

　　3. 所需文件内容：

　　（1）封皮（A3 图纸）；

　　（2）空间设计说明（A3 图纸）；

　　（3）平面设计图（A3 图纸）；

　　（4）餐饮空间所涉及家具风格意向图（A3 图纸）。

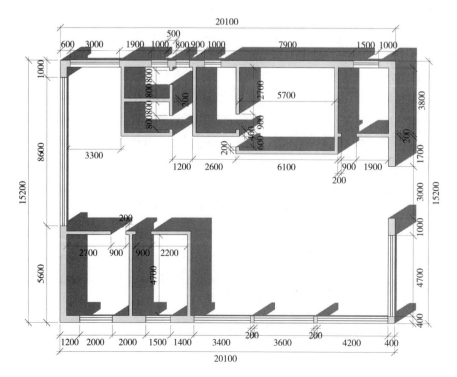

图 6−39
某餐厅空间原始平面图
（单位：mm）

任务 6.4 　展厅空间设计

■ 任务引入

展厅根据展览内容设计形式多种多样,有传统的、现代的、数字的、远古的、野生的、卡通的……但宗旨皆为让参观者直观、生动、易理解、舒适地接受展览内容、吸收内在养分,营造符合展览主题的空间环境氛围,同时还要兼顾人们的行走路线、避免漏览、重复观看的问题。

本节我们的任务是通过观展行为与展厅环境、识别与定位、流线与导向、空间设计与人体工程学等内容的学习,展开对展厅空间设计的讨论。

■ 知识链接

各式各样的个性化展览丰富着百姓们的日常生活,好的展厅设计可以有效地烘托展品的文化、艺术价值,让观展者身临其境地体会展品的内涵,感受展品魅力。为此,在展厅的规划设计上除了考虑展览物的基本信息,还要兼顾观展者的行为特点,在"静""动"间游走。

6.4.1 观展行为

观展行为是人们为了观赏与求知而参加的一项社会公共的信息传播交流活动。具有三个客观构成条件即展品、观众和展示空间。

1. 观展行为表现

观展的行为主要表现为观看、走动、休息和交流。

(1) 观看

是观展活动的重要表现,是接受信息的主要方式。观众通过展示空间和展品所传达的信息获得视觉刺激,从而进行审视、思考、比较等一系列主观活动,如图6-40所示。

(2) 走动

走动有两种情况,一是无意识地调整自己的位置,如前后、左右。这要求展品前留有足够的停留空间。二是有目的地寻找观看的内容而做的位置变化,这要求同一类展品布置应有连续性。

图 6-40
观看

（3）休息

观展是体力与脑力并重的综合性活动。适当的休息可以更好地观看展品，这要求展品的陈列要有一定的间隔，同一类展品的展线不宜过长，以便观众停留或休息。

（4）交流

观众间的相互讨论，与讲解员和服务人员间的交流，是人与人信息沟通必不可少的一种形式。

2. 观展行为特性

观展中，人的行为变化过程、分布规律、秩序感等都是观展行为特性的表现。一般观展行为具有以下几个基本特性。

（1）有序性

观展行为是依据展示空间秩序和展示序列的安排所表现出来的实践的规律性与一定的倾向性，它是一种行为状态对客观环境刺激作用的一种反映。展厅空间秩序对研究行为模式和空间模式有一定的指导作用。

（2）流动性

人在展示空间里，受展品内容和有关导向的作用而按一定方式在流动。其流动的途径、流动方向选择的倾向、流线交叉点位置的定位，均是展示空间设计、展品陈列、导向系统设计的依据。

（3）分布性

在展示空间系统中，由于展品内容、个人因素、人际因素，使观众在展厅空间里的流动呈走动、滞留和聚集等各种现象，即人在展厅中的空间密集度是不等的。这种分布特点提示室内设计师，在展厅空间设计和展品布置时，要根据人的分布行为，调整展示空间大小，或按展品的性质进行功能分区，这不仅能提高空间使用率，而且能满足人的行为舒适要求。

3. 观展行为习性

本章开篇中提及过行为习性，在展示空间中表现为以下方面。

（1）求知性

是观众观展的行为动机之一，这要求展品在内容的选择和陈列上，应是观众不熟悉，甚至是不知道的东西。通过文字、语音或是解说员讲解，明白被展品的基本信息与内涵。

（2）猎奇性

人的行为本能，要求布展应有特色，能吸引眼球，抓住观众的心。

（3）递进性

人对知识的追求是一个渐进的过程，要求展品的选择与展示设计有一个完整的内容。而在展示时，需根据时段或分区，按一定秩序布展。

（4）捷径习性

人的行为本能，要求展品布置时，满足观众少迂回，避免绕道或重复。

（5）左侧通行与左转弯

多数观众进入展厅习惯左拐，而我国的文字书写是由上而下或由左至右。因此展品的陈列次序，最好是从左到右，以便于观展。而展品的序言，宜设在入口的左端。

（6）向光性

展品陈列时，要求有足够的亮度、避免眩光、陈列的背景要暗一些，故展厅最好采用高侧光或顶光。照度不够时，再加局部照明，避免展厅环境照度水平过高影响观展。

6.4.2 展厅的识别与定位

1. 可识别性

（1）对环境信息选择的需求

展示空间里包含着各种信息的传递。展示空间、展品、人流、阳光、空气、温湿度等，这是物质的东西；安全、交通、疏散等，这是信息的东西。物质和信息构成了展示空间的环境信息。

在展示空间中，观众最关心的信息是展品，其次是安全和疏散问题。观展时，观众首先选择喜爱、感兴趣的展品。但人群过于拥挤时，注意力将由展品向安全和疏散信息转移，人身安全才是最重要的。

（2）对环境感知的需求

展厅中各种环境因素作用于人的感官，引起各种知觉效应。

因此，对展厅的设计，首先要保证展品对观众的刺激，以引起人的感知。例如，展品的光和色对观众的刺激，如果比其背景对人的刺激还弱，则观众的注意力将转移到空间环境，如图6—41所示。

（3）对环境把握的需求

一个易识别的环境则有利于人们形成清晰的感知形象和记忆，对于空间行为的定位、流动和寻找目标都有积极的影响。特别是对大型展览空间、博物馆等，人们是无法凭着简单的视觉寻视，就能清晰把握环境，明确自身位置。

因此，在展厅设计时，要有明确的指示图，清晰的向导系统，以便观众能清楚地把握自身位置和寻求下一个目标。

（a）　　　　　　　　　　　　　　　（b）

图6—41
对环境的感知需求
（a）背景热烈掩盖了画的存在；
（b）让画成为主角

2. 定位性

(1) 特定的空间位置

人的定位是相对于参照物而言的。如果展厅空间大小、形态、陈列环境都大致相同，观众很难判断自己所在位置。相反每一个展厅空间都有自己的特点，或局部形态不同，有一定的标识，将有助于观众判断自身所在位置。因此，在空间规划、室内设计时，应将各展览空间做以区别，建立标识系统，如图6-42所示。

(2) 便捷路线

要使观众较快的清楚自身位置，就要求展线设计要便捷。

(3) 特殊视点

展厅中的特殊视点是指展示空间中的特殊位置和该位置的特殊形态和标识。主要有三个位置，出入口、前进中的判断点、转折点。

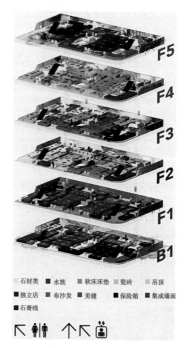

图 6-42
空间位置的指示标识

出入口，形态和标识要有显著的特点，以便观众找寻。

前进中的判断点，如果展品过多、展线过长，观众常常会选择比较感兴趣的内容。这要求展品陈列时要有一定的序号和标识，在每个主题的起始点有一个明确的判断点，帮助观众选择。

转折点，当展线较长需要转折时，在前后、左右、上下的方向，应有显著的特点并设指示标识。

6.4.3　展示的流线与导向

1. 展示的流线

(1) 功能流线

由于展厅性质、内容、规模、方式等的差异，展示空间的组成也各有侧重。但一般包含四部分，即展览区、观众服务区、库房区、办公后勤。如图6-43所示，为展览馆功能流线分析图。流线关系决定了展厅的空间布局，确定了观

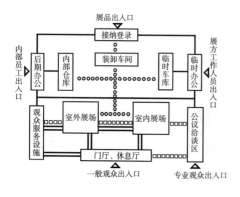

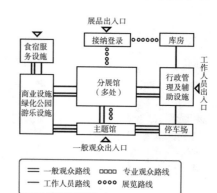

图 6-43
功能流线分析图

众与工作人员的行走路线，以及展览路线。各种路线处理恰当，则人流畅通、观展效果好。处理不当，则会发生流线交叉，造成拥挤、碰撞，甚至踩踏。

（2）观众流线

控制观众的流向、流量、流速和行走方式是展厅设计成功的关键。

1）流向

观众对展览顺序的方向选择，一方面是自身的爱好、兴趣；另一方面取决于布展空间的开放型与封闭型。展厅设计时，对于逻辑性和顺序性较强的展品，或是主题馆，可采用封闭型的展览空间，即观众只能从一个入口进入，另一个出口走出。

2）流量

通过控制展线通道的宽度来调整观众的流量。对展出的重点内容，展品前的空间位置预留大一些；对次要内容，预留小一些。

3）流速

通过调整展品前的空间大小或增强导向系统，让观众尽快流向下一个目标展位。

4）行走方式

通过控制展品前的空间大小、通道宽度等方式，以达到控制观众流向、流量和流速，是一种被动且强制性的布展方式，适合历史型、教育型展览。而对于艺术、科技、贸易等展览，应采用更为自由、开放的布展方式，让观众与参展者、参展物品有交流、互动、体验的机会，并让观众自主选择观看的项目内容。

2. 展示的导向

（1）按空间向度来分

展示空间的导向分为水平导向系统和垂直导向系统。

1）水平导向系统

指在水平方向上由各平面的组成元素构成的整体系统。它包括入口引导、总体及分层楼面介绍、服务设施、出入口标识、休息区、电话亭、洗手间、服务台、娱乐活动区及专卖柜台等。

2）垂直导向系统

指在垂直方向上由竖向构成元素组成的导向系统，主要包括电梯升降显示、楼层显示、自动扶梯等。

（2）按人的主观感觉来分

1）视觉导向系统

包括文字导向、图形导向、光色导向、影视导向等。

2）听觉导向系统

利用声音方向性的特点，指示空间的方向，还可以渲染环境气氛。

3）特殊导向系统

主要是为盲人和肢残者设置的无障碍导向系统，包括出入口的坡道、电梯显示、盲道等。

6.4.4 展厅空间设计与人体工程学

1.展厅平面类型

展厅的平面类型主要有袋式陈列、通过式陈列、单线连续式陈列、灵活布局式陈列（通过可拆装展板灵活布置展厅形式）等，如图6-44所示。

视频16
展厅空间设计与人体工程学

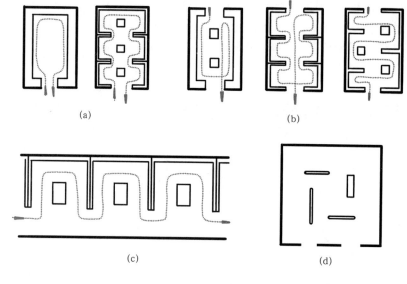

图6-44
展厅平面类型
(a) 袋式陈列；
(b) 通过式陈列（双线与三线）；
(c) 单线连续式陈列；
(d) 灵活布局式陈列

2.展品陈列

展品的陈列是展厅设计的主要内容。展品的布局好坏，将直接影响参观路线是否合理。

（1）设计尺度

根据人体尺度与展柜和展板的关系（图6-45a、b），以及展品和人的视野的关系（图6-45c），确定陈列尺度，并保证观众与展品之间有一个合理的距离（表6-2）。

陈列品视距调查表　　　　　　　　　　　　　　　　表6-2

陈列品性质	陈列品高度D（单位：mm）	视距H（单位：mm）	D/H
图板	600	1000	1.6
	1000	1500	1.5
	1500	2000	1.3
	2000	2500	1.2
	3000	3000	1.0
	5000	4000	0.8
陈列立柜	1800	400	0.2
陈列平柜	1200	200	0.19
中型实物	2000	1000	0.5
大型实物	5000	2000	0.4

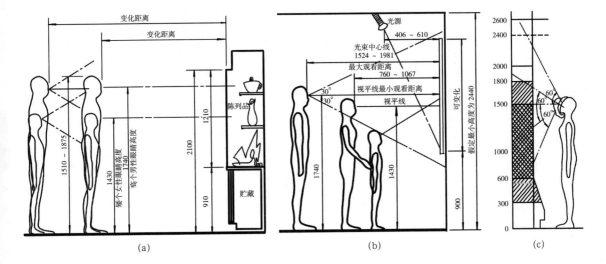

(a)　　　　　　　　　　　　　　(b)　　　　　　　　　　　(c)

图 6-45
展柜、展板、展品陈
列尺度（单位：mm）
(a) 展柜陈列尺度；
(b) 展板陈列尺度；
(c) 展品陈列尺度

（2）陈列密度

一般情况下，展品与道具所占面积，为展览场地地面与墙面的 40% ～ 50% 为宜，超过 60% 展厅就会显得拥挤。当展品与道具体积较大时，陈列密度还应变小。否则，会对观众心理造成紧张和压迫感。

3. 展示环境

（1）光环境

展厅光环境设计包括自然采光和人工照明。

自然光的光感较好，但局限性大，难以控制。因此，多依靠人工照明。展厅设计要注意避免眩光，一般采用高侧光和顶光。

采用人工照明需要满足以下要求：

1）保证一定的照度，较少视疲劳，能让观众正确地辨别展品色彩和细部内容。照度一般在 200 ～ 2000lx 之间，光敏性的展品表面照度不小于 120lx。

2）光线照度分布应合理。展品主要部分照度均匀，防止光和影对展品产生影响。展品表面照度与展厅一般照度之比不宜小于 3 ：1，展厅照度与展厅环境照度之比不宜小于 2 ：1。

3）展厅内应避免光线直射观众和眩光。应限制光源亮度或加遮光措施。当采用玻璃柜布置展品时，应使柜内展品照度高于一般照度的 20%，以防止玻璃产生镜像。

4）人工光源应根据展品类别，注意灯具的发光效率、显色性、照度、含紫外线量以及投光形式。如图 6-46 所示，垂直面的照明，带指向性格片的灯带作为一般照明，射灯用于局部照明；如图 6-47 所示，防止展品面的正反射。

5）灯具的布置要注意视觉效果，如图 6-48 所示。

（2）色环境

地面、顶棚、墙面的色彩属于环境色，为了烘托展品宜采用中性色。另外，展厅的色彩设计离不开光的配合，同时也要考虑展品的性质。

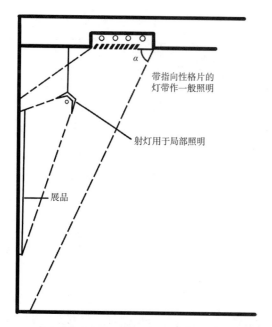
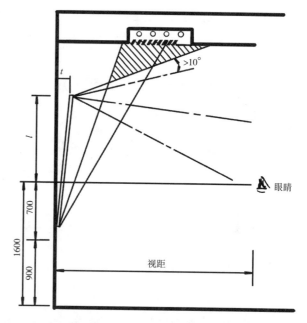

带指向性格片的灯带作一般照明

射灯用于局部照明

展品

眼睛

视距

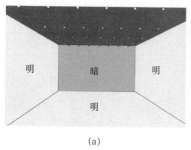

(a)

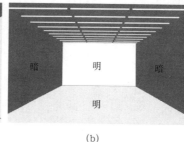

(b)

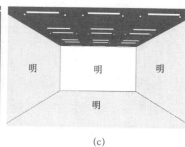

(c)

（3）温湿环境

展厅主要考虑人的温湿环境，但对于有严格保存要求的展品（如书画等）也需要考虑温湿度。一般采用空调系统，环境温度在 20 ～ 30℃ 为宜，相对湿度不大于 75%。

（4）安全问题

1）消防。展厅设计必须满足消防规范要求。

2）防损坏。对于一些直接暴露在外的展品应加设隔离带或提示标识，防止观众无意损坏。

3）防盗。对于贵重展品，应加强防盗措施。

4）防霉、防蛀。对于永久陈列收藏的展品应注意霉变、虫蛀带来的损害。

（5）休闲

展厅规划供参观者休息的公共空间。在此空间中可提供座椅、充电设备、饮用水、卫生间等设施。

■ **任务实施**

1. **任务内容**：如图 6—49 所示，根据原始平面图完成某校展厅设计。

图 6—46（上左）
垂直面的照明
图 6—47（上右）
防止展品面的正反射
（单位：mm）
图 6—48（下）
灯具的布置要注意视觉效果
（a）灯具纵向排列；
（b）灯具横向排列；
（c）灯具各自排列

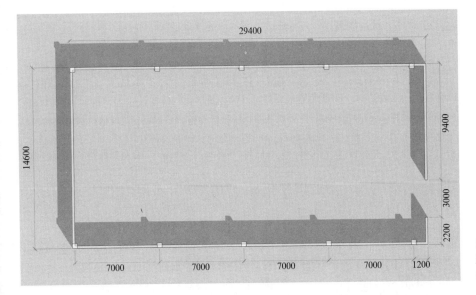

图 6—49
展厅原始平面图
(单位:mm)

2．任务要求：

（1）展厅涵盖内容：环境艺术设计专业（室内设计作品展板）、视觉传达专业（包装设计实物、海报设计等）、服装设计专业（服装设计展板、模特展示）、工业造型设计专业（产品展板、产品模型）、家具设计专业（家具设计展板、家具实物）等专业作业。

（2）完成展厅平面布置图设计、立面图设计。

要求：1）A3 图纸，比例自定，要求有图框、标题栏等。

2）表现手法不限，手绘、计算机辅助设计均可。

3）标明各设备、设施内容及尺寸关系。

3．所需文件内容：

（1）封皮（A3 图纸）；

（2）空间设计说明（A3 图纸）；

（3）平面设计图（A3 图纸）；

（4）立面设计图（A3 图纸）。

7

项目七 建筑外部空间环境与人体工程学

■ **项目目标**

　　人们除了在室内进行各种日常活动外，室外的活动也有很多。比如，由一栋建筑到另一栋建筑、由一个区域到另一个区域、由一个城市到另一个城市……这种在室外经过的空间就是本项目要研究的建筑外部空间环境。

　　本项目我们将通过对建筑外部空间环境中的行为与活动、室外公共设施设计、居住建筑外部空间环境设计以及校园环境设计的相关概念与案例分析，展开对建筑外部空间坏境与人体工程学的探究。

表 7-1

项目任务	关键词	学时
任务 7.1 建筑外部空间环境中的行为与活动	必要性活动、自发性活动、社会性活动、活动时间、活动人群、活动场所、活动目的、活动研究、动作行为习性、体验行为习性等	1
任务 7.2 室外公共设施设计	座椅设计、垃圾桶设计、候车厅设计、健身器材设计	4
任务 7.3 居住建筑外部空间环境设计	设计原则、行为分析、环境设计	2
任务 7.4 校园环境设计	设计原则、行为分析、环境设计	2

任务 7.1　建筑外部空间环境中的行为与活动

■ 任务引入

　　一个舒适、美观的外部空间环境会让人身心愉悦。这些赏心悦目的设计并非设计师们的凭空想象，而是源自每个人的行为习惯和活动方式，并在此基础上加以艺术上的升华。那么，我们都会参与哪些户外活动，会有哪些行为方式不被自己所注意的呢？

　　本节将对户外活动的类型、外部空间活动分析和外部空间中的行为习性等几个既熟悉又陌生的日常现象加以分析。

■ 知识链接

7.1.1　户外活动的类型

　　户外活动从人的需求方面考虑分为三类：必要性活动、自发性活动、社会性活动。

　　1. 必要性活动

　　必要性活动是人们在社会生存中所必须的活动。如上学、上班、购物等。必要性活动的特点是规律性强，一般有固定的活动场所和活动时间，如上学——学校，上班——公司等。

　　由于必要性活动是生活必须的活动项目，因此基本不受自然条件和环境的影响，不受人群年龄、职业的影响，也不受外部物资条件的影响，参与者的选择余地较小。

　　2. 自发性活动

　　自发性活动不是必须参加的，是可以自由选择的。只要人们有参加的愿望，而且外部条件允许，此类活动才可进行。如散步、逛街、游园等，一旦决定前往，在天气、身体情况、活动场所环境等因素达到心中合格标准后，就可进行活动。

　　自发性活动受外部影响较大，当户外活动的条件不理想时，互动的频率明显下降。一般极端天气（寒冷或炎热）环境下人们喜欢在室内活动，而户外活动相对减少，即使有也是行色匆匆；而在阳光明媚、气温适宜的春秋，户外活动的参与者就会增多。

3. 社会性活动

社会性活动较为广泛，如聚会、大型公共活动等。特点是参与人数较多，并且参加同一社会性活动的群体自身特征较为相似。如观看篮球比赛，参与活动的人多数对篮球感兴趣或对篮球有关事物感兴趣。另外，社会性活动的场所多为开放性场所。

不同的场所适合不同的社会活动，因此活动的特点决定了场所的特点。如马拉松比赛，活动场所是城市赛道。

7.1.2 外部空间活动分析

外部空间活动分析主要从活动的时间、人群、场所、目的等几方面展开。

1. 活动时间

时间因素会对户外活动产生不同的影响。

一天当中，早晚外出活动的人群较多，早上有晨练的、上班的和上学的人群。晚上结束了一天的工作和学习，吃完晚饭，在公园、庭院散步，三五好友聚集一起健身、聊天等。

一周当中，周末要比工作日户外活动的人数增加很多。一般户外的大型活动，如户外宣传演唱会、郊游等，都会集中在人们放假的时间段进行。

一年当中，特别是北方地区，由于四季较为分明，夏季炎热、冬季寒冷，因此在春秋户外活动的人员多于夏季和冬季。但因为季节性会带来一些特殊的户外活动，如东北地区的冰雪文化，即使是低气温也会吸引很多南方游客一览北国风光。如图7-1所示，我国12月份海南地区可以在沙滩上晒太阳，黑龙江地区可在雪地里堆雪人，相同的时间，不同的气候会影响人们户外活动目的。

2. 活动人群

对于活动人群的分析可以先从个人和群体的社会背景开始，如性别、职业、年龄、出行方式、收入、兴趣爱好等情况。相同或相似背景的人容易聚集在一起参与相同的活动。

(a)

(b)

图7-1
时间因素影响户外活动目的
(a) 12月份海南地区沙滩晒太阳；
(b) 12月份黑龙江地区堆雪人

人与人组成了群体,群体根据人数分成特小群(2～3人)、小群(3～7人)、中群（7～8人以上至10人不等）、大群（数十人至百余人不等）、特大群（百人以上）,如图7-2所示。在各类群体中特小群和小群体居多。超过7～8人,群体凝聚力下降,呈不稳定倾向。大群和特大群常见于有组织的大型活动,如无组织的大群体活动将形成"群集行为",如果没有很好的协调和有效秩序将会造成挤压、冲击、踩踏等严重的后果。

2～3人	3～7人	7～10人	10～100人	100人以上
特小群	小群	中群	大群	特大群

图7-2
人与群体

具有统一背景的群体,如同一阶级、党派、宗教、种姓、家族或同乡,在一定条件下,即使表面上呈无组织状态,也具有潜在的组织倾向。

3. 活动场所

活动场所包括场所本身及其周围环境的人工、自然和社会组成元素。活动的性质与场所的环境密切相关。如一些促销性的售卖活动,一般会安排在商场门口的广场上,人流量大、购买目的明确;大型的演唱会,会选择体育场馆,弧形的座位群可环绕舞台,从各角度都能看到演出盛况。

而在场所环境的营造上要注意"兼做他用"的现象,如花坛当坐具、草地当床铺、雕塑当背景或留言板、花池当垃圾桶、喷泉当洗脚池等,这些不文明的行为习惯背后隐藏着公共环境设计中的不人性化。如果设计师可以把这些"兼做他用"的情况在设计中合理的"融化",将减少不文明现象的存在。

4. 活动目的

人们参与活动的目的是多种多样的,即使是相同的活动,其目的也不一定一致。如广场上人头攒动,有的想参与公共活动,有的是凑凑热闹,有的是路过根本无暇顾忌广场上的活动……如图7-3所示。

目的是可以变换、转移或代替的。这种情况在我们的日常生活中经常发生,如准备去看电影,结果被路边的美食吸引,改变了行程。

5. 活动研究

应结合活动的内容,开展对活动人数、群体组成、组织状态、活动方式、

图7-3
参与活动的目的

参与程度、活动强度、活动进程、活动结果的分析。

在活动人数、群体组成和组织状态方面。儿童、青少年多见于有组织的、人数较多的、目的性强的活动，如春游、远足等。成年人多为随意性的、自发性的、较为小众的聚集活动。

参与程度根据活动内容和方式分为组织活动、参与活动和被动参与活动。由于参与程度的不同，在活动强度和结果上也将有所区别。

7.1.3 外部空间中的行为习性

外部空间中的行为习性分为两个方面，即动作行为习性和体验行为习性。

1. 动作行为习性

动作行为习性在"项目六 公共空间设计与人体工程学"中已对捷径习性、左侧通行与左转弯等进行了分析。外部空间与室内公共空间，同属公共空间，因此在行为习性上很多是相通的，这里根据室外空间特点做简单介绍。

（1）捷径习性

在目标明确，不设障碍的情况下，人总是倾向于选择最短的路途。但即使是设置了障碍也会发生如图 7-4 所示的情况。设计师应通过设计来改变这种行为的发生。首先，可以迎合人们抄近路的习性，在景区、广场道路规划时采用短线路设计原则，让两点间线路变短，多交叉的路线与

图 7-4
捷径习性

环境配景同样可以营造良好的环境氛围。对于办公区、写字楼附近的景观、广场设计尤为重要。其次，仍然可以通过设置障碍的方式，引导人们的行走路线，在障碍的选择上可以更艺术化，如雕塑、喷泉、假山、绿篱、微地形等。洁净、优美的环境会给人带来身心愉悦的感受。

（2）左侧通行和右侧通行

在我国无论是行人还是车辆都采取右侧通行的习惯，但很多国家却采用左侧通行的习惯，如澳大利亚、日本、英国等地，如图 7-5 所示。左侧通行的历史要早于右侧通行，在 1300 年罗马教皇颁布命令，要求所有赴罗马朝圣者均须"靠左通行"。这与当时人们的习惯是相符合的，世界上 80% ~ 90%的人都是右撇子，因此，右撇子需要在右侧有更大的活动半径，所以左侧通行就会在右侧形成更大的活动空间，不论是拔刀自卫还是做其他事情都相对方便。如图 7-6 所示，在古代，日本武士的刀佩戴在左侧，所以在狭窄的道路上通行时，为了避免撞刀，需要左侧通行。设计师在对户外空间环境进行设计时要考虑当地人的通行习惯。

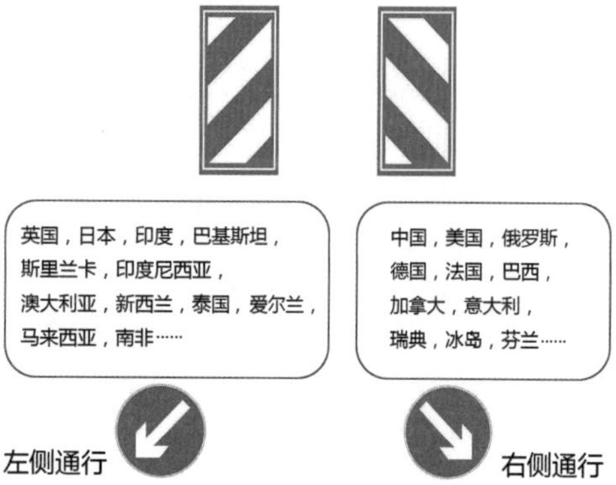

英国，日本，印度，巴基斯坦，斯里兰卡，印度尼西亚，澳大利亚，新西兰，泰国，爱尔兰，马来西亚，南非⋯⋯

中国，美国，俄罗斯，德国，法国，巴西，加拿大，意大利，瑞典，冰岛，芬兰⋯⋯

 左侧通行　　 右侧通行

图7-5（左）
左侧通行与右侧通行的国家
图7-6（右）
右侧通行在古代存在的问题

(3) 依靠性

试想一下，若在广场上等人，是喜欢在广场中间的空场地上，还是选择有依靠的地方，如树、电线杆、栏杆附近等候呢？大多数人会偏爱选择某个固定物体的周围或附近等地方，这就是人在空间中的依靠性。这些依靠物对人具有吸引作用，特别是站立一定时间，很多人会不自觉地依靠到某个地方，寻求身体支撑，从而缓解疲劳，如图7-7所示。为了满足人们的依靠性习惯，需要在外部空间环境设计中加入一些可供依靠的设计元素。

(a)

2. 体验行为习性

体验行为习性涉及感觉、知觉、认知、情感、评估、社会交往、社会认同及其他心理状态。

(1) 观察者与被观察者

在室内外公共空间环境设计中，设计师越来越注重对共享空间的营造。而形形色色的人成为共享空间中的重要装饰要素和绝对的主体。如长假期间景点的人头攒动、商场的接踵摩肩，都成为环境中不可缺少的一道风景。而作为看风景的你，也成了别人眼中的"风景"。这种"看人也为人所看"在一定程度上反映了人对于信息交流、社会交往和社会认同的需要。通过看人，了解其穿衣品行；通过为人所看，则希望自身为他人和社会所认同。也正是通过相互接触，加深了彼此的表面了解，为寻求进一步交往提供了机会，这种机会是空间环境所营造的。

(b)

图7-7
依靠性

(2) 围观

围观可以理解为是一种看热闹的表现，反映了人们对信息交流和交往的需求，也反映了人们对刺激性、新奇性事物强大的好奇心，这种好奇心驱使着人类的各种探索性行为。在外部空间中，围观之所以特别吸引人，还在于这类行为具有"退出"和"加入"的充分自由性。即使是再拙劣的表演，也会吸引人们的注意。反而，有组织的、需要购票才能看到的演出，人们在思想上就不那么容易认可，需要对比和参照，才能做出决定。因此，很多宣传性质活动喜欢选择人流量较大且空间宽阔的广场举行，用惊、奇、特的表演吸引人们的目光。

（3）闹中取静

都市中的人们常常面对着车水马龙的街道、熙熙攘攘的人群、繁重的工作压力和污染的空气。长期在这种环境下生活，身心都会受到损害。因此，很多家庭选择在周末或是长假期间去郊外，远离闹市、喧嚣和污染，寻找一片宁静的、清新的世外桃源。但是，除了假期，更多的时间我们还是生活在当下的环境中，特别对于儿童和老年人，户外活动是很重要的，既可让心情愉悦也可锻炼身体。

在小区、写字楼、街道等人员密集的地区，公园城市设计概念已经慢慢引入，鸟语花香、绿树成荫、小溪流水这些只能在公园中见到的场景，渐渐地在自己住宅楼下就可享受，让劳作一天的人们有一个可以放松身心、闹中取静的悠闲场所。

■ **任务实施**

1. 任务内容：调查户外设计中存在的不合理问题。

2. 任务要求：

（1）完成不少于 2000 字的调查报告。

（2）调查报告需图文并茂说明设计问题，并提出自己的整改方案。

（3）报告中的整改方案可以以简单的草图形式说明。

任务 7.2　室外公共设施设计

■ **任务引入**

室外公共设施又被称为城市家具。它们出现在城市的大街小巷，装点着城市，为民众提供着各种服务。那么，这些与人有着直接或间接接触的公共设施在设计时应该注意哪些问题呢？它们是否也和室内的家具一样，要考虑人的身体尺寸呢？

■ **知识链接**

室外公共设施一词最早产生于英国，英语称为"Street Furniture"，即街道家具，常见的英文翻译还有"Urban Furniture"和"City Furniture"。可见室外公共设施犹如室内空间中的家具一样，为人们提供各类服务。同时，它也是城市整体风貌、历史文化、综合素质的最好体现。

室外公共设施是一个较为庞大的系统工程，包括 4 大系统，14 项设施，见表 7-2。

本节将对与人密切相关的几类设施进行介绍。

室外公共设施分类体系　　　　　　　　　　表 7-2

系统	设施	内容
管理系统	防护设施	消防栓、护栏与护柱、街桥、隔声壁、盖板与树篱
	市政设施	电线柱与配电装置、地面建筑、管理亭

系统	设施	内容
交通系统	安全设施	交通标志与信号灯、反光镜与减速器、步道与街桥
	停候服务设施	停放设备、计时收费器、候车亭、加油站与公路收费站
辅助系统	休息设施	座椅、桌、伞、步廊与路亭
	卫生设施	垃圾箱、烟灰缸、厕所、清洗装置
	信息设施	环境标识、广告、计时装置、电子信息
	通信设施	电话亭、邮箱
	贩卖设施	服务商亭、自动贩卖机、移动售货车
	游乐设施	游戏器具、娱乐器具、健身器具
	无障碍设施	通道、坡道、专用厕所、专用电话亭和服务设施、信息与标识、残疾人停候车位
	照明设施	道路照明、装饰照明
美化系统	装饰设施	雕塑、壁饰、店面与橱窗
	景观设施	水景、绿景、地景、活动景物

7.2.1　座椅设计

室外公共座椅在户外空间中为人们提供休息、倚靠之用。

1.设计原则

（1）切勿完全参照室内座椅进行设计

虽然同为座椅，但是它们所处环境不同，在设计上也略有区别。

首先，材料的选择。室外座椅由于受到天气因素影响（如雨雪、冰冻等特殊天气），很多室内座椅常用材料却不能用于室外，如布艺、皮革等。室外座椅常选择耐腐蚀、防潮、防蛀、防冻、防雨水的材料。

其次，造型的设计。座椅除了满足人们身体上的需求外，心理需求也十分必要。它可以成为一个重要的装饰物品，点缀整个空间。室外公共座椅在造型设计上要注意室外环境对家具的影响，这种影响来源于天气、安全和自身的使用周期。如公共座椅的椅面多设置成镂空状，目的是防止雨水存留，让雨水通过镂空处滑落到地面，如图 7-8 所示；公共座椅如选用金属、石材作为主要材料，需要注意这些材料质地坚硬，如出现过于尖锐或棱角分明的部位将会对使用者，特别是儿童造成伤害；另外，室外家具各零部件之间的结合一般会选用金属连接件，并做基础加固，这也与室内座椅不同。

视频 17
室外公共空间座椅设计

图 7-8
室外公共座椅椅面设计
成镂空状

除了以上两点，还有很多细节设计也存在差异。但是，在家具功能尺寸的设计上，仍然需要参照人体尺寸进行设计。需要注意的是，在室外空间中，座椅往往是几个人同时使用，因此设计尺度可略大一些。

（2）座椅位置的选择与设定

挑选座椅位置应该是每个人都经历过的，那么同样的座椅，在不同的位置，所受到的青睐程度为何不同呢？一些特定的原因让我们选择在公共环境下坐下来，如可以看到优美的风景、感受宜人的气候、体验树荫下的清凉、与伙伴愉快的交谈、运动后的休息，这些理由将会影响我们对座椅位置的选择。天气寒冷时，会选择日照充分的座位；看风景时，会选择视野开阔的位置；窃窃私语时，会选择相对隐蔽的位置。而对于一些特定场所，座椅位置的摆放也十分讲究。在室外儿童游乐区周围的座椅全部朝向游乐设施，目的是休息的同时可以看到玩耍的孩子。

（3）与周围环境相协调

座椅在风格定位、造型设计、材料选择上要与周围环境相协调。在中国古典园林中，常选择石凳作为公共坐具，这与古时场景相一致，并且石材来源于自然，与场景中的假山、石铺地面相呼应，融入其中，不突兀，如图7-9所示。而在欧式风格的园林中，铁艺座椅十分受青睐，铁预热变软可加工出各种花纹样式，非常符合欧式建筑风格特点，如图7-10所示。

图7-9（左）
中国风石凳
图7-10（右）
欧式风格铁艺座椅

但是，有一些座椅就是要与周围环境存在一些反差，从而吸引人们目光。这种座椅造型设计大胆、色彩鲜明，成为区域中的绝对主角，装饰性要大于功能性。由于造型独特，以及"格格不入"的特点，不宜在场景中摆放过多，以免造成视觉环境污染和视觉疲劳。

2.设计分析

（1）功能尺寸

一人使用的室外公共座椅长度为400～450mm，宽度为440～450mm（臀部至膝关节的距离），座面高约380～400mm，靠背为350～400mm，与座面倾斜保持5°以内，如图7-11所示。

需要注意：公共场所的座椅考虑到使用者的日常需要，如人＋包裹、成人＋儿童等附加物品，所以可在实际尺寸的基础上略微放大，如图7-12所示。

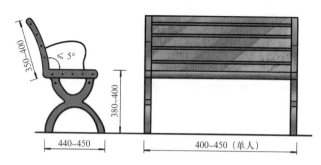

图 7-11（左）
室外座椅单人位功能尺
寸（单位：mm）
图 7-12（右）
人 + 包裹组合
（单位：mm）

但座位高度不宜过高，否则小腿悬空，大腿受椅面前缘压迫，使坐者感到不适，长时间会造成血液循环受阻，小腿麻木肿胀。座面也不能太低，否则腿长的人骨盆后倾，正常的腰椎曲线被拉直，致使腰酸不适。

座面需要设计后倾角度，一是由于重力，躯干后移，使背部抵靠椅背，获得支持，可以降低背肌静压。二是防止坐者从座缘滑出座面。但角度不宜过大，否则人起身会困难，并且视线会随着角度而变化。

另外，在不妨碍执行某些待定作业的情况下，可考虑设置扶手。扶手可以使手臂有所依托，减轻手臂下垂重力对肩部的作用，使人体处于较稳定的状态。它也可以作为起身站立或变换坐姿的起点。

（2）座椅间距和角度

座椅间距离和角度的问题也需要考虑。在人流密集的地方，如休息区、娱乐区、餐饮区等，座椅可较为紧密摆放。对于人流较少，较为空旷的地段，座椅之间可以拉大间距。座椅间距的设计，需要根据人流密集程度而定。在设置座椅位置的时候，还应该考虑坐者与行者之间的距离。当座位面向道路或大空间时，双方距离宜在 1.5m 以上，距离过小会造成彼此之间的干扰，如图 7-13 所示。

图 7-13
坐者与行者之间的距离
（单位：mm）

两个座椅需要成角度摆放时，小于 90°，坐在两张椅子上的人们便于交流；大于 90°，视线互不打扰，如图 7-14 所示。

图 7-14
座椅摆放角度

（3）基本形式

1）条形座：是较为常见的一种室外公共座椅形式，它可以便于人们观看前方的活动。一般一张条形座可以同时承载多人。但同一座位的两个人面对面交谈，则需要侧身扭转身体，会造成不舒适的情况发生，如图 7-15 所示。

2）单人座：顾名思义就是一个人的座位，适合不想被打扰的人使用。单独的座位在实际的应用中较为少见，因此常常将单独的座位连成一体，形成既独立又整体化的组合方式。通过交错的摆放，使其仍具有独立性，在群体中又不显单调，如图 7-16 所示。

3）圆弧形座：座位上的所有人背部朝向同一个地方，自然地排除了他人的干扰，但不适合 3 人以上的交谈，如图 7-17 所示。

图 7-15（左上）
条形座
图 7-16（左下）
单人座
图 7-17（右）
圆弧形座

4）弧形座：最大的特点是坐在同一把椅子上的人由于受到弧形角度的限制，彼此间在视线或是身体上均不受干扰，如图 7-18 所示。

5）起伏形座：与弧形座椅的功能基本是一样的，都是为同一座位上的人们设置障碍，以缓解不认识带来的尴尬。起伏形座椅，通过座面的上下起伏和角度变换，隔绝人们视线彼此交叉和身体接触，如图 7-19 所示。

（4）功能分析

1）休憩功能：公共座椅主要的功能是供人休息，因此在座椅功能尺度的选用上要充分考虑人体尺寸数据，尽量满足多数人的使用需求。

2）交流场所：在户外环境中，人们选择坐下来除了休息，还有就是交流。座椅可以成为人与人之间交流的媒介。

3）环境小品：公共座椅作为城市设计元素，具有提供空间界定、转换、

图 7-18（左）
弧形座
图 7-19（右）
起伏形座

点景及成为城市地标的作用。良好的公共座椅设计与布局是公共空间中富有吸引力的前提，引起人们积极使用户外环境的重要因素。

7.2.2　垃圾桶设计

垃圾桶在室外公共设施分类体系中属辅助系统卫生设施项。它遍布城市的各个角落，为城市的美化、清洁作出了贡献。

1.设计原则

（1）安全与卫生原则

第一，要做到易于投放垃圾。垃圾桶的主要任务是收集人们倾倒的垃圾，如果垃圾投入口设计不合理，将不易于投放，会使垃圾散落在地，造成环境污染。

第二，做到易于清除垃圾。垃圾积攒到一定数量或是一定时间内，就会有清洁人员来清除桶中的垃圾。城市的垃圾桶数以万计，如果不能方便清除将是很繁重的劳动。

第三，做到防雨防晒。垃圾桶在公共环境、露天场所，需要防止食物等垃圾被日晒雨淋后变质发臭，流出污水，招引苍蝇蚊虫，影响环境。

第四，其造型、结构等应符合国家安全标准，应避免尖锐的棱角。

（2）人机交互原则

通常扔垃圾的过程只有几秒钟，若使用垃圾桶时遇到人机交互障碍，如找不到投放口、不知道如何开启垃圾桶投放门、开启十分费力等情况时，就会带给使用者以困惑，无法按照原计划完成操作过程，甚至放弃扔垃圾的想法。因此，垃圾桶设计要遵循易操作、易识别的人机交互原则，并且在操作方式和使用要求上用简短文字或简易图形做以说明。

（3）做好垃圾分类设计

做好垃圾分类是每名公民应尽的义务。按照垃圾的不同成分、属性、利用价值以及对环境的影响，并根据处置方式的要求，把垃圾分为四大类：一是有害垃圾，如废电池、过期药品等；二是厨余垃圾，即自然条件下易分解的垃圾，如果皮、菜叶、剩饭等；三是可回收垃圾，如废纸、废玻璃、废金属等；四是

可回收物

蓝色

玻璃　牛奶盒　金属
塑料　纸张　可乐罐

有害垃圾

红色

废电池　电子产品　废油漆桶
过期药品　废旧灯管　杀虫剂

厨余垃圾

绿色

骨骼内脏　菜梗菜叶　果皮
果壳　残枝落叶　剩菜剩饭

其他垃圾

黑色

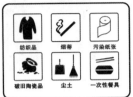

纺织品　烟蒂　污染纸张
破旧陶瓷品　尘土　一次性餐具

图 7-20
垃圾分类

其他垃圾，如砖瓦陶瓷、渣土、卫生间废纸、纸巾等。并采用不同容器、不同颜色或特定的收集器和收集袋对垃圾进行收集。可有利于废品回收，减少垃圾处理量，如图 7-20 所示。

（4）与周围环境相协调

公共垃圾桶尽管体积较小，但作为城市空间中的一部分，其形态、色彩、材质在设计和选择时必须要兼顾周围环境，风格要与之和谐统一。虽然，内部存放的是人们丢弃的垃圾，但外在却是城市景观中的装饰点缀品。

2. 设计分析

（1）功能尺寸

要使垃圾桶与人之间达到最优化的配合，就需要在垃圾桶功能尺寸设计上充分考虑人体相关部位尺寸。与之相关的尺寸包括身高、肘高、立姿手功能高、立姿双手功能上举高、手长、手宽等。

1）桶身高度和容量

垃圾桶因其功能、造型的不同，桶身高度和容量也有所区别。收集居民日常生活垃圾的垃圾桶，它的高度和容量要大于城市街道两侧或公园、广场旁的垃圾桶。如图 7-21 所示，一般住宅小区内收集日常生活垃圾的桶高约为1100mm，容积 240L；公园、街道常用垃圾桶高约为 800mm，容积 120L。

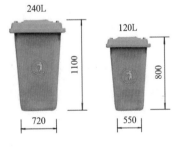

图 7-21
垃圾桶桶身高度和容量
（单位：mm）

2）投入口高度

垃圾投入口应满足绝大多数人的使用需求。上边缘高不低于 5% 人的手功能高，下边缘高不高于 95% 人的肘高。这样才可使高个的人不需下蹲、矮个的人无需费力上举就可以使用垃圾桶。针对儿童、轮椅使用者等一些特殊人群，因其工作面使用高度较低，为此在设计上可以形成高低配置，以满足不同人群高度的需求，如图 7-22 所示。只有便于使用，才能引导人们改变随手乱扔垃圾的坏习惯。

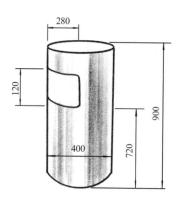

图 7—22（左）
高低配置垃圾桶
图 7—23（右）
垃圾桶开口位置、大小
（单位：mm）

垃圾投入口的开口高度要足够大，以便路人能把垃圾顺利投入；又不应过大，以免人们因见到垃圾桶内的垃圾产生厌烦的心理；同时开口过大，雨水就容易溅入桶内，使桶内的垃圾腐烂而导致细菌增生，危害环境。街道上的垃圾桶存放的垃圾一般为瓶、罐、纸等轻便的废品，所以开口的大小要大于瓶子的直径，同时要考虑需要一定的倾斜角度便于垃圾的投入。瓶子的直径一般小于 100mm，加上倾斜角度，垃圾桶开口的高度一般宜大于 120mm，如图 7—23 所示。

垃圾投入口的开口的宽度，应大于一般废弃物的尺寸。垃圾桶的开口应朝向路人经过最多的一侧，以便路人不用费神寻找便可轻易把废弃物投入桶内。

（2）放置位置

人们手中的废弃物如果长时间无法找到垃圾桶妥投，部分人会由于失去耐心而将废物随手扔掉，造成环境污染。合理布置垃圾桶的位置，关系到城市环境卫生、人员素质培养等关键问题。一般在城市街道垃圾桶间距为 30 ~ 50m，对于人流量密集的地区间距可缩小。

垃圾桶设置在道路两侧及人员停留点、出入口等处，其外观形态、色彩标识是设计的主要因素，需满足垃圾分类收集的要求。

7.2.3 候车亭设计

候车亭是方便候车乘客遮风、避雨、乘凉、短暂休息时使用的。由于现代城市轨道交通日益发达，候车亭已成为一个城市不可或缺的重要组成部分。

1. 设计原则

（1）易识别性和自明性原则

候车亭在设计上必须具备高度的可识别性，以便人们在远距离处就可发现乘车地点。一个城市中，大多数的候车亭在造型、色彩或标识上基本应达到一致，让人们无论从哪里乘车都能识别候车亭外观。而对于一些特殊位置的候车亭，如某景点候车亭由于需要与景点环境相融合，所以在造型设计上会有所变化。

候车亭需配备广告灯箱，为夜间乘车的人们提供照明。

另外，候车亭应有丰富的换乘信息，表明公交车的时刻表（电子流动信息）、发车间隔以及停靠站点等。

（2）明视度高

候车亭一般会设有雨篷、换乘信息牌和灯箱等，在规划位置时应注意不能遮挡人们观察车辆的视线，汽车来向应透明。阻碍视线的设施可设置在来车方向的相反方向。

（3）舒适和便利性

候车亭应为人们提供短暂休息的座椅、依靠的围廊、垃圾桶、遮风避雨的围挡等。

（4）与周围环境相协调

候车亭在设计上要反映城市和地域环境特点，不应千篇一律。精美的候车亭设计是一个城市现代化、文明发展的标志，如图7-24所示。

(a)　　　　　　　　　(b)

图 7-24
候车亭风格与周边环境相协调
(a) 欧式风格候车亭；
(b) 中式风格候车亭

2.设计分析

（1）功能尺寸

候车亭的设计需要根据周围环境、人流量等情况而定。因此，没有明确的尺寸要求。与人体关系密切的设施，如候车亭内的座椅、垃圾桶、信息指示牌等需要根据人体相关尺寸进行设计外，其余部分都可自由发挥。但要保证使用者在候车亭所围合成的空间内活动自如、不压抑，同时也要保证候车亭不会对周边设施或行驶车辆带来潜在安全隐患。

候车亭常规尺寸：整高为2600～2800mm；顶棚宽约1600～2000mm；长约5000～8000mm；单体灯箱1800mm×3600mm；广告画面1500mm×3500mm，如图7-25所示。

（2）组成

候车亭的基本配置包括：隔板、座椅、顶盖、照明设备、信息牌、垃圾桶等，如图7-26所示。对于体量较大的候车亭还会设置电话亭、自动售票验票机、自动查询机等。

1）隔板

隔板将候车亭围合成一个半开放式的空间，对于气候条件恶劣的地区，为了使候车者得到最

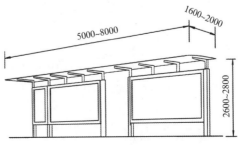

图 7-25
候车亭功能尺寸
（单位：mm）

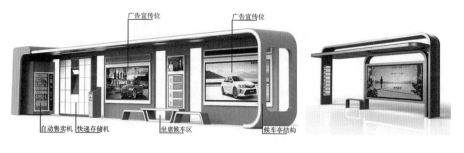

广告宣传位　　　广告宣传位

自动售卖机　快递存储机　　　坐席候车区　　　候车亭结构

图 7-26（左）
候车亭的组成
图 7-27（右）
候车亭隔板设计

大的保护，会在两侧和后面都设成隔板。但后隔板与侧面隔板之间应留有足够空隙，便于人们进入或离开，也利于汽车废气的排放，如图 7-27 所示。

为了不阻挡视线，隔板可以选用清晰明亮的透明亚克力材质。隔板可以与广告灯箱结合起来，但来车方向的一面尽量不设遮挡视线的障碍物。

2）座椅和靠杆

座椅的数量要视候车者的数量和流量而定。在座椅的两端与侧隔板之间要留有足够的空间，以方便婴儿车、轮椅使用者或大件行李物品的移动。

在一些候车亭由于人流较大或面积过小，设置座椅会造成空间拥挤或活动障碍，为此可以用靠杆代替座椅，既能为候车者提供休息依靠之用还可以提高空间利用率，如图 7-28 所示。

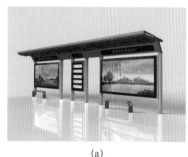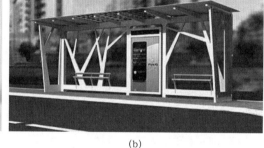

（a）　　　　　　　　　　　　　　　　（b）

图 7-28
候车亭座椅与靠杆
(a) 候车亭座椅；
(b) 候车亭靠杆

3）顶盖

顶盖必须倾斜设置，以免雨水、雪或落叶等堆积造成顶盖坍塌。并且顶盖挑檐切勿超过人行道外边线，造成公交车辆与顶盖的剐蹭。

4）照明设备

一般在顶盖和隔板上设置照明灯具，而隔板又可以与广告灯箱结合起来设计，要保证夜间候车者的安全。

5）信息牌

信息牌为行人提供出行帮助，主要表达的信息内容包括：各条线路名称、时刻表、沿线停靠站点、票价、城市地图等。信息牌可以与整个候车亭连为一体，也可以单独设置，如图 7-29 所示。信息牌一般设置在来车方向的相反向或后隔板处，以免阻碍人们观察车辆进站情况。

信息牌表面可以加设透明的防护外罩，避免雨水、雪的侵袭。

图 7—29
信息牌设计
(a) 信息牌与候车亭连
为一体；
(b) 独立的信息牌

(a)　　　　　　　　　　　　(b)

7.2.4　健身器材设计

室外健身器材是用于人们进行日常体育锻炼、娱乐休闲等活动的器材或器械。健身器材针对服务人群不同可分为以儿童娱乐为主的游乐器材和成年人健身为主的运动器材。无论哪一种类型，目的只有一个，就是帮助人们提高身体素质、增强人体机能。

1. 设计原则

(1) 考虑器材使用时的活动半径

不是在一个区域内放置越多的器材就越好，应根据场地的实际情况和器材的活动半径酌情设置。以防止使用时互相干扰，造成安全隐患。

(2) 安全性原则

健身器材在设计时应注意不要有尖锐的棱角和突出的硬质构件，以免对使用者造成伤害。特别是儿童使用的器材，应使用较为软质的材料作为表面装饰材料，为防止儿童在玩耍时坠落，应加设栏杆或栅栏。地面活动区域还应设置软体材料，防止摔倒后的伤害。

另外，对于一些悬挂性的器材，如吊环、吊桥、秋千等，需要对构件连接处进行加固处理，防止掉落。

(3) 人性化原则

对人体需要运动的部位进行有针对性的设计，如某一件健身器材可以满足手臂力量的训练，另一件可以增强腿部肌肉的锻炼等。当然，也可以将多个锻炼项目合为一体。

在儿童健身器材的设计上，要兼顾娱乐性和趣味性。并需要考虑家长看护时的活动位置。

(4) 成人与儿童活动区应加以区分

成人的活动区域要与儿童加以分割。由于儿童天性爱动、喜欢奔跑，且自主能力、判断能力、行为感知能力较差；而成年人运动时活动半径较大、幅度大、身体重量较重。如果两类人群在共同的区域里活动，会给双方都带来危险。

(5) 满足儿童生理心理需要

在设计儿童健身器材时，既要使他们身体健康成长，又要促进儿童智力发展。

2. 设计分析

（1）室外健身器材分类

室外健身器材分为三类，即活动式室外健身器材，具有活动零部件的器材，如秋千、吊桥等；固定式室外健身器材，没有活动零部件的器材，如单杠、双杠等；框架式室外健身器材，依靠三个以上的杆件支撑，并且构成封闭式空间结构的器材，如带围栏的滑梯等。

（2）自由空间

自由空间指使用者在器材作用下，在其上、其内或其周围运动时所占用的空间。在确定自由空间时，使用者以及器材可能的运动都应该考虑在内。而对于可能产生非正常使用的器材，其自由空间应根据非正常使用情况下使用者占用最大空间确定。如用于坐姿下滑的滑梯站姿下滑时，其自由空间应该按照站姿确定。

滑杆的自由空间经过一个平台或其他起点时，滑杆到其边缘的间距应不小于350mm。

国标《室外健身器材的安全　通用要求》GB 19272—2011 中对自由空间圆柱形尺寸做了相应规范要求，如表7-3、图7-30所示。

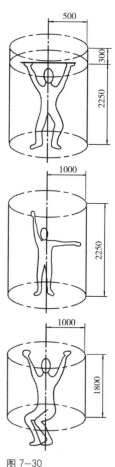

图7-30
悬挂、站立和坐姿的使用者自由空间（单位：mm）

自由空间圆柱形尺寸的确定（单位：mm）　　　　表7-3

使用类型	半径	高度
站立	1000	2250
坐姿	1000	1800
悬挂	500	悬挂点以上300，以下2250

（3）跌落高度

跌落高度指从明显支撑身体的部位到下面碰撞区域的最大垂直距离，如图7-31所示。

在确定跌落高度时，应考虑器材和使用者所有可能的运动，通常应取最大距离。表7-4为不同使用类型的跌落高度。跌落高度不应超过3000mm。

跌落高度的确定　　　　表7-4

使用类型	跌落高度
站姿	脚部支撑面距场地表面的距离
坐姿	座位表面距场地表面的距离
悬挂	手部支撑面距场地表面的距离
攀爬	脚支撑处距场地表面的距离
	手支撑以下1000mm处距场地表面的距离

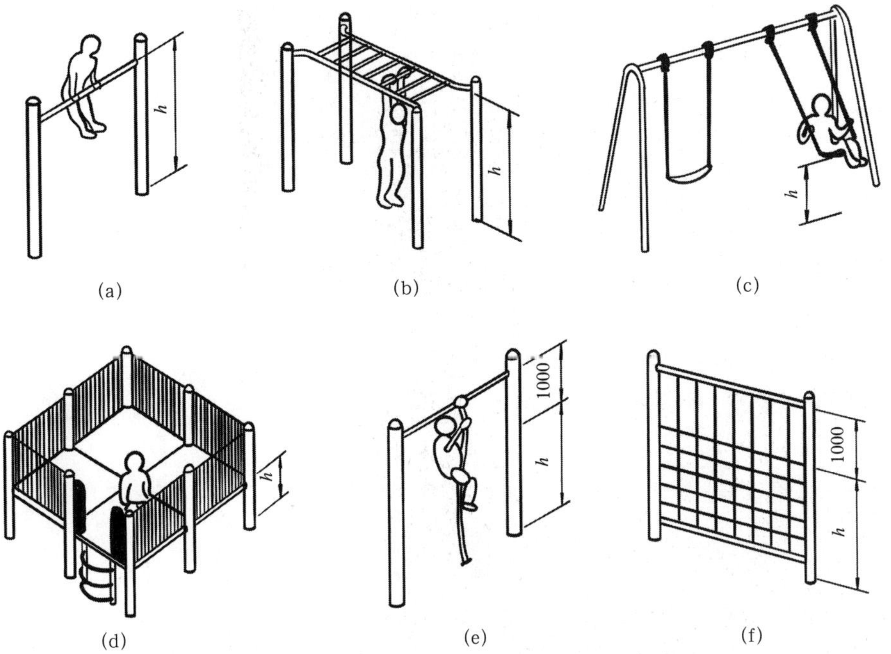

图 7-31
跌落高度（单位：mm）

(a)　　　　　　　　(b)　　　　　　　　(c)

(d)　　　　　　　　(e)　　　　　　　　(f)

h——跌落高度

在超过 600mm 跌落高度的器材上，应在碰撞区域设置着陆缓冲层，见表 7-5。

常用缓冲材料的厚度和相应临界跌落高度（单位：mm）　　　表 7-5

材料	描述	最小厚度	临界跌落高度
橡塑地板	—	25	≤ 800
草地或上层土	—	—	≤ 1000
树皮	20 ～ 80 颗粒大小	200	≤ 2000
		300	≤ 3000
木屑	5 ～ 30 颗粒大小	200	≤ 2000
		300	≤ 3000
沙子	0.2 ～ 2 颗粒大小	200	≤ 2000
		300	≤ 3000
碎石	2 ～ 8 颗粒大小	200	≤ 2000
		300	≤ 3000

（4）跌落空间

跌落空间指使用者从器械跌落高度的支撑部位跌落、下落时可能通过的空间，如图 7-32 所示。

围绕器材高位部件，跌落空间水平宽度应不小于 1500mm。运动范围增大时，可增加跌落空间；当器材安装于墙体或紧临于墙体时，可以减少跌落空间。通常情况下，跌落空间会与碰撞区域等重叠。图 7-33 所示，为滑杆、平台跌落空间与自由空间的示意。图 7-34 所示，为平台的跌落空间与碰撞区域相重叠的情况。

（5）碰撞区域

碰撞区域的范围如图 7-35 所示。如果 $600 \leqslant y \leqslant 1500mm$，则 $x=1500mm$；如果 $y > 1500mm$，则 $x=2y/3+500mm$。其中 Y 为跌落高度；X 为跌撞区域的最小尺寸；a 为具有碰撞缓冲要求的表面；b 为没有碰撞缓冲要求的表面。

（6）最小空间

最小空间指器材安全使用所需的空间，包括跌落空间、自由空间和器材占用空间等，如图 7-32 所示。

（7）卡夹

卡夹指造成使用者身体的某一部分或衣物被卡住而出现的危险情况。

一般容易卡住的人体部位有头、颈、身体、脚、腿、手等。

1）头、颈卡夹

头、颈卡夹是所有卡夹中最危险的一种，因此器材的开口结构绝不应该对头和颈部造成卡夹。

器材的开口类型包括完全闭合开口、未完全闭合开口和其他开口。在最不利的负载或卸载情况下，活动柔性构件与刚性构件之间的开口间距不应小于 230mm。如图 7-36 所示，1、3 为刚性构件；2 为柔性构件；4 为最小直径 230mm 的圆。

2）身体卡夹

器材活动部件与地面可能对使用者身体造成挤压，因此活动部件底面距离地面应不小于 400mm。对

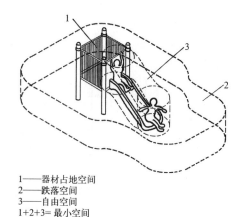

1——器材占地空间
2——跌落空间
3——自由空间
1+2+3= 最小空间

图 7-32
跌落空间

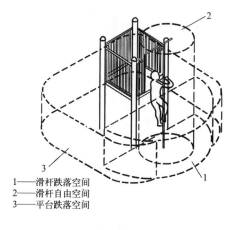

1——滑杆跌落空间
2——滑杆自由空间
3——平台跌落空间

图 7-33
滑杆、平台跌落空间与自由空间

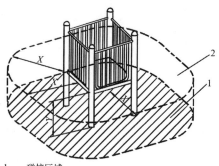

1——碰撞区域
2——跌落空间
X——跌落空间水平宽度范围
Y——跌落高度

图 7-34
平台的跌落空间与碰撞区域

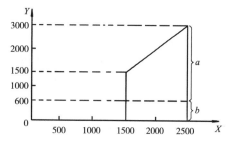

图 7-35
碰撞区域尺寸范围
（单位：mm）

人能够爬进的孔道应符合表 7-6 所示的相关要求。

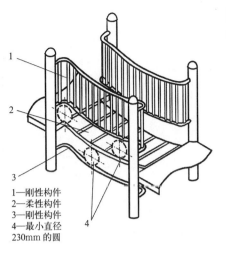

图 7-36
悬浮桥

对于刚性悬浮部件或质量不小于 25kg 的悬浮部件，其端面应采用半径不小于 50mm 的圆滑过渡。部件活动范围应不大于 200mm，且不应超过支撑立柱的边界。在全部活动范围内，部件到支撑柱的距离不应小于 230mm。如图 7-37 所示，a_1+a_2 为活动范围（≤ 200mm）；b 为与固定部件间的自由空间（≥ 230mm）；h 为距离地面的净高；L 为最大偏摆范围。

1—刚性构件
2—柔性构件
3—刚性构件
4—最小直径 230mm 的圆

孔道要求（单位：mm） 表 7-6

	一端开口	两端开口			
倾角	≤ 5° 且向上，仅进入	≤ 15°			> 15°
最小内部尺寸	≥ 750	≥ 400	≥ 500	≥ 750	≥ 750
长度	≤ 2000	≤ 1000	≤ 2000	无	无
其他要求	无	无	无	无	配置攀爬附件，如：楼梯或扶手

3）脚、腿卡夹

活动部件底面与地面或其他部件的间距应不小于 80mm。用于行走的表面在主运动方向的间隙应不大于 30mm（本要求不适用于倾斜角大于 45° 的表面），如图 7-38 所示。

4）手卡夹

手容易接触区域的活动部件与临近的活动部件或固定部件之间的距离不应小于 60mm。如只防止手指被卡夹，其间隙不应小于 30mm。

（8）扶手

扶手指帮助使用者保持平衡的握持杆件。扶手高度应大于 700mm，小于 950mm，如图 7-39 所示。用于握持的支撑部位横截面应不小于 16mm 且不大于 45mm，如图 7-40 所示。

图 7-37
悬浮部件三视图

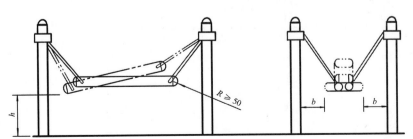

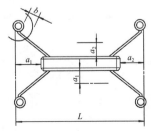

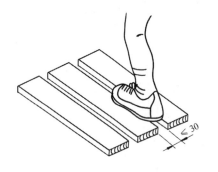
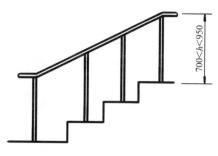
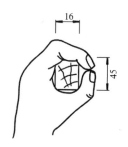

（9）栏杆

栏杆指为防止使用者身体越过器械而跌落的装置。栏杆高度应大于700mm，小于950mm，高度应从平台、楼梯、斜坡等支撑表面到栏杆顶部测量，如图 7-39 所示。

除器材必须预留的出入口外，栏杆应该将平台完整地包围，防止使用者坠落。当栏杆的进出口不与楼梯、斜坡、吊桥等相衔接时，其净宽度不应大于500mm；当栏杆的出口与楼梯、斜坡、吊桥等相衔接时，其净宽度不应大于楼梯、斜坡、吊桥的宽度。

（10）栅栏

栅栏指为防止使用者身体越过或从其下通过而跌落的装置。栅栏高度不应小于900mm。栅栏不应设置便于人们攀爬的横杆等构件，并且其顶部应防止使用者坐卧或站立。

栅栏的进出口内径宽应不大于500mm，如图 7-41（a）所示；大于500mm 时需要用栏杆封闭，如图 7-41（b）所示。栅栏的出口与楼梯、斜坡、吊桥相衔接时，其内径宽度不大于楼梯、斜坡、吊桥的宽度。

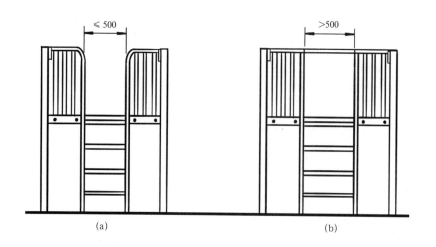

(a)   (b)

（11）楼梯和梯子

楼梯是使用者能上下进出的工具，一般由踏板和扶手组成，如图 7-42 所示。

梯子是使用者借助手才能上下的工具，如图7-43所示。

国标《室外健身器材的安全 通用要求》GB 19272—2011 中给出了楼梯和梯子的结构、尺寸要求，见表7-7。

除了以上要求外还应注意以下内容：

1）楼梯或踏板梯子的高度差大于600mm时应设置扶手，横杆梯子可不设扶手。

2）旋转楼梯应在内外两侧都设置扶手。

3）扶手应从第一个踏板开始延续到使用平台。

4）楼梯高度大于或等于2000mm时应设置缓步平台，平台宽度应大于楼梯宽度，且长度大于1000mm。

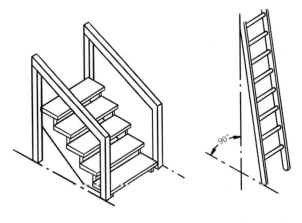

图7-42（左）楼梯
图7-43（右）梯子

楼梯、梯子结构、尺寸要求（单位：mm）　　　表7-7

结构		尺寸要求
横杆梯子	倾斜度	75°～90°
	横杆长度	≥400
	横杆直径	30～45
	杆距	≤305
	最下方横杆距地面高度	≥400
踏板梯子	倾斜度	50°～75°
	踏板长度	≥400
	踏板宽度（有护踢板）	≥170
	踏板宽度（无护踢板）	≥75
	高度差	≤305
楼梯	倾斜度	15°～50°
	踏板长度	≥400
	踏板宽度	≥170
	高度差	≤305
旋转楼梯	在内侧位置的倾斜度	15°～75°
	有效幅宽（单向）	≥400
	有效幅宽（双向）	≥600
	踏板宽度	≥100
	高度差	≤305

注：旋转楼梯的踏板宽度应在最窄处测量，有效幅宽中段的踏板宽度应不小于170mm。

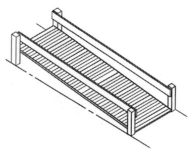

图 7-44
坡道

（12）坡道

使用者能上下进出的工具，由斜面组成，如图 7-44 所示。

坡道表面应进行防滑处理，特别是北方地区冬季气温低、多雨雪，如不设防滑措施，将非常危险。坡道倾角应不大于 38°，坡道宽度方向上的水平误差应在 ±3° 范围内。

■ **任务实施**

1. 任务内容：室外公共设施设计。

2. 任务要求：

（1）拟定四个设计方向：室外公共座椅、垃圾桶、候车亭和健身器材。选择其一进行设计。

（2）设计风格不限，需要自行拟定限制条件，如使用者年龄、身体条件、人流量、所处位置、周边环境情况等。

（3）所涉及人体尺寸应参照相关数据内容。

（4）在满足功能设计的基础上要兼顾造型设计。

（5）提交文件说明（以下文件需要 A4 图纸制作并装订封皮）：

1）设计说明；

2）设计草图；

3）设计图（三视图、轴测图）；

4）效果图（不少于两个角度）。

任务7.3　居住建筑外部空间环境设计

■ **任务引入**

居住是人们的基本需求之一，是城市的重要组成部分。随着生活的改善，越来越多的人们在关注居室内部环境的同时也开始注重居住建筑外部空间环境的设计。好的居住建筑外部空间环境可以带给居民心情愉悦的感受，也能够体现居住者的身份地位，提升周边乃至整个城市的美观程度。那么居住建筑外部空间环境如何设计得美观，又能满足人们日常生活的使用要求呢？

■ **知识链接**

居住建筑外部空间环境主要有自然环境、人工环境和社会环境。

7.3.1　居住建筑外部空间设计原则

居住建筑外部空间设计原则主要依据居民对环境的需求展开。

1. 安全性原则

安全性是人们始终关注的问题，如果缺少了安全保障，那么生活将一团糟，没有任何质量可言。安全性原则主要包括个人私生活不受侵犯，人身及财产安全不受伤害和损失等。

领域的划分是安全性的重要体现。将居住环境根据空间性质划分不同的层次，形成由内而外、由表及里的空间。一般可分为公共空间、半公共空间、半私密空间和私密空间。这里城市干道为公共空间，居民区内部道路和开放活动休息区为半公共空间，居住组团内部的院落为半私密空间，住宅内的庭院为私密空间。但参照对象不同，对空间层次的理解也有所不同。如图 7-45 所示为北京四合院，由房间围合成对外封闭、对内开放的院落。以院外人员为对象，院外属于公共空间，院内属于隐私空间；以居住在四合院里的居民为对象，院外属于公共空间，院内属于半公共空间，而居室内部属于隐私空间。但无论如何划分，院子内部相对是较为隐私的，因此在典型的四合院设计中，院门内侧则正对影壁，需要绕过影壁才能进入院子当中，就如同门上挂了个帘子，可以遮挡外人的视线。

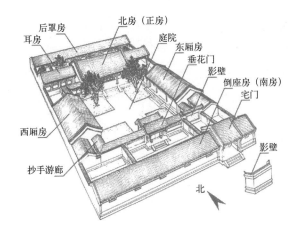

图 7-45
四合院

领域的划分有多种方法，可通过空间的开敞、封闭、围合，地面高差变化和铺地材料与图案的不同来实现，如图 7-46 所示。分隔空间可通过设置障碍物，如围墙、绿篱、栅栏等实现，也可设置心理性障碍，如门洞、牌楼等，如图 7-47 所示。

图 7-46（左）
通过地面铺装进行领域划分
图 7-47（右）
居民区中的道路交通

良好的空间划分可以引导居民进行不同类型的活动，规范居民行为，起到安全防范的作用，同时能扩大环境的认同感，增加居民心理的舒适性。

2. 方便性原则

方便性原则主要体现在内外交通、公共服务设施、服务方式、完善的管理体系等方面。

居民区中的内外交通要讲究"通而不穿，通而不畅"，避免将城市交通直接引入居民区，道路网的布置还要避免道路任意穿行房前屋后，侵犯人们生活隐私，如图7-47所示。

公共服务设施应根据当地气候、居住空间环境、居民生活习惯等情况合理布局。对于度假休闲为主的居民小区，内置的公共设施和种类都较为丰富。如三亚等气候炎热地带的居民区内部会配有游泳池等设施，显然这在东北较为严寒地区是不合适的，如图7-48所示。而居住建筑外部空间较小的区域，也不适合配备过多的设施，造成空间拥挤。合理布置、减少资源浪费是公共服务设施设置的基本原则。

3. 舒适性原则

居住环境的舒适性主要体现在能够呼吸新鲜空气、感受充分的日照阳光、良好的通风、没有粉尘的污染、噪声的干扰、丰富的绿地和宽敞的室外活动空间、赏心悦目的景观、冬暖夏凉的宜居生活。

4. 交往原则

交往是人们社会活动的重要表现。俗话说"远亲不如近邻"，邻里关系的和睦将成为生活中美好的调味剂。当今城市中高楼林立，一个家就像是一个小盒子，为人们提供了居住生活的港湾，也隔绝了盒子外面的世界。良好的建筑外部空间环境，将促使人们走出家门，到户外去，沟通、交流，改善和增强邻里关系。如图7-49所示。

7.3.2　居民活动行为分析

居民的活动行为涉及社会、文化、道德、生活习惯、地域、风俗、气候等多种因素。一般情况下，不同职业、年龄的居民具有不同的活动内容、活动方式和活动习惯。

图7-48（左）
居民区中的泳池设计
图7-49（右）
交往原则

1. 活动类型

居民的活动类型可分为三种情况:必要性活动、自发性活动和社会性活动。这与任务 7.1 中户外活动的类型是基本一致的。

2. 活动序列

居住环境是以人为主体展开的各种生活序列的综合。居民的生活形态有三大生活圈,分别是核心生活圈、基本生活圈和城市生活圈。其中基本生活圈和核心生活圈的活动项目主要在居住区内进行。因此,居住区内的生活序列是一个不同类型、不同等级、不同内容的序列,是多元化的序列,它反映城市居民的基本生活特征和多类型、多层次、多等级的生活秩序,也是室外公共环境设计的依据。

3. 社区意识

这里的社区意识指居民经由知觉、认知和评估所产生的、对所居住社区的归属感,即居民认为所处环境属于自身,而自身也从属于这一环境。这种归属感来源于社区居民所具有的共同意识,包括共同居住的环境,共同面临的问题,以及共同的利益与需要等。社区意识的高低可以影响居民生活的满意度和愉快程度,有助于居民之间的交往、关心和互助,有利于对社区事务的参与和居住环境的改善等。

7.3.3 居住建筑外部空间环境设计

空间与建筑实体是居住区环境的主要组成部分。建筑实体形成了对空间的围合与限定,空间环境衬托了建筑实体,它们之间相互依存、不可分割。

1. 空间特性

由于居住空间主要由建筑实体围合而成,因此,空间特性取决于建筑物的高度和建筑群的平面布局。当人的视距与建筑物高度的比例为 1:1 时,构成全封闭状态空间;当人的视距与建筑物高度的比例为 2:1 时,构成半封闭状态空间;当人的视距与建筑物高度的比例为 3:1 时,构成封闭感弱状态空间;当这一比例达到 4:1 时,封闭空间感消失,如图 7-50 所示。

建筑组群的平面布局对空间构成影响也非常大。当建筑物完全围合时,空间出现最强的封闭感;围合存在间隙,视线可以外泄,则空间封闭感降低,如图 7-51 所示。若围合空间的建筑物重叠或是利用地形、植被以及其他阻挡视线外泄的障碍物,就可以增加空间的封闭感,如图 7-52 所示。

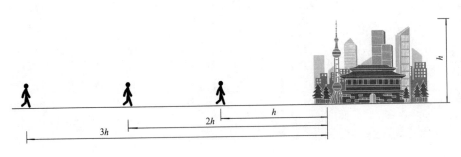

图 7-50
视距与建筑物高度比

2. 空间构成及类型

居住建筑外部空间基本类型主要有封闭式空间、定向开放式空间和直线形空间。

（1）封闭式空间

封闭式空间具有聚合性，由建筑物围合而成，如中国传统的四合院、土楼等，如图 7-53 所示。居民在封闭式的空间中活动，受外界干扰较小，具有较强的安全感。

（2）定向开放式空间

定向开放式空间具有较强的方向性和指向性。一般空间由建筑三面围合，一面开放。此类空间与外部交流较为密切，如图 7-54 所示。

（3）直线形空间

直线形空间呈长条、狭窄状，由线性建筑物围合而成，在一端或两端开口，如图 7-55 所示。这种空间方向性强，但略显单调，可以在狭长地带配置景观，增加空间层次感。

3. 空间划分

将居住区划分为公共空间、半公共空间、半私密空间和私密空间四类。

公共空间是所有居民共同使用的空间。一般公共空间占据着居住区内的中心地带和主要出入口地区。如中心公园、活动中心、商业中心等，是居民日常活动的共享空间。

图 7-51 （左）
围合存在间隙，空间封闭感降低
图 7-52 （右）
建筑物重叠，增加空间的封闭感

图 7-53 （左）
永定土楼
图 7-54 （右）
定向开放式空间

半公共空间具有一定使用限制，是多幢住宅居民共同拥有的空间。这类空间是邻里交往的主要场所，也是防灾避难和疏散的有效空间。设计时，需使空间有一定的围合性，使外界的车与人不能随意穿行。

半私密空间是私密空间渗透入公共空间的部分，属于特定的几幢住宅居民公用的领域。此类空间是居民离家最近的户外场所，是室内空间的延续。

私密空间是住户私人的空间，不容他人侵犯。空间的封闭性、领域性极强。一般是指底层居民的庭院、各楼层的阳台和露台等，如图 7-56 所示。

4. 空间美化

空间美化包括地形处理、水体设计、植被种植设计和小品设计等，如图 7-57 所示。是除建筑物之外的对空间环境具有影响的主要元素。它不但可以美化环境，也可对空间布局和地区限定起到非常重要的作用。设计时应重视空间美化，营造宜人的居住建筑外部空间环境，让居住者得到精神、物质上的满足。

居住建筑外部空间环境设计会随功能划分为不同的层次空间，使居民各取所需、各得其所、相互交往而不受干扰。各类型的空间为居民提供了不同的室外活动平台，但无论何种类型，好的设计总会带给使用者安全、舒适、愉快的心灵和体感感受。

图 7-55（上）
直线形空间
图 7-56（中）
私密空间
图 7-57（下）
空间美化

■ **任务实施**

1. 任务内容：调研本市居住建筑外部空间环境设计。

2. 任务要求：

(1) 收集本市居民小区环境设计相关资料，如照片、规划设计图等。

(2) 结合资料内容，进行整理分析。

(3) 对所调研环境中设计不合理的地方，进行说明并提出整改建议。

(4) 完成 2000 字调研报告。

任务 7.4　校园环境设计

■ **任务引入**

从幼儿园、小学、中学到大学，每一步的成长都离不开老师的指导和同学们的陪伴。美好的学生时代记录了我们的青春，而校园就是承载青春记忆、见证成长轨迹的"第一现场"。你心中的美丽校园是什么样的？哪些是念念不

(a)　　　　　　　　　　　　　　　　　　　　(b)

图 7–58
校园环境设计
(a) 幼儿园室外空间
环境；
(b) 大学校园环境

忘的？哪些是希望改变的？

　　本节我们将通过对校园环境设计原则、学生活动行为分析的学习，了解校园环境设计与人体工程学的相关内容。

■　**知识链接**

　　校园根据受教育的对象不同可分为幼儿园、小学校园、中学校园、大学校园等。在校园规划、环境设计、设施配置、设施功能尺寸上有很大的不同。如幼儿园校园设计，要考虑儿童的年龄、身高、行为能力等情况，一般室外设施尺度都较小，建筑、设施颜色鲜艳明亮；而大学校园，学生年龄一般在 18 岁以上，在设施尺度上要按照成年人的标准设计，并且校园空间较中小学校园更宽敞，建筑多、设施种类丰富，如图 7–58 所示。

　　本书以大学校园设计为例进行说明。

7.4.1　校园环境设计原则

　　校园的环境设计体现了一个学校的历史传承、文化内涵和人文精神。一个大学校园需要承载数万人的生活和学习，俨然变成了一个庞大的社区，多元的文化、生活方式和喜好，需要在一个院子里融合。这要求设计师必须综合考量，细微处理。但无论如何繁杂，总要满足以下几点原则：

　　（1）安全性原则

　　安全性是任何设计必须要达到的目标。大学校园环境设计安全性包括两方面的内容，即物理环境安全和心理环境安全。

　　物理环境安全主要体现在道路的路面不能过窄，弯度不能过急，坡度不能太陡，应增设人行道；不能种植有害植被，以免对人体造成伤害；危险处应设置扶栏、警示标牌等。

　　心理环境安全主要是避免校园中的步行道、操场以及其他室外活动空间中会令学生感到不安的情况。如幽暗的灯光、狭窄的甬道、刺鼻的气味等。不同形态的空间也会引起学生情绪及心理上的不同感受。因此，室外环境空间的大小尺度、景观环境的营造、路灯的间距与照度等都应以学生心理安全的角度去考虑。避免使用不稳定的形体和令人生畏的景观小品等。

(2) 整体性原则

体现一所大学的风格特色，建筑与室外景观的和谐统一是基础。特色是校园总体景观的内在和外在特征，它不是靠人随意断想与臆造的，而是对大学校园生活功能、规律的综合分析，对人文、历史与自然条件的系统研究，对现代生产技术的科学把握，进而提炼、升华创造出来的一种与大学校园活动紧密交融的景观特征，如图 7-59 所示。

(3) 人性化原则

校园不是公园，前者是以教学和学习为主要目的的场所，后者是以休闲娱乐为主要目的的场所，二者有本质的不同，在室外环境设计上也有所区别。因此，设计者应从场所服务目的入手，从校园规划到各个细小设施的配置，都应满足学生、教师和学校工作人员的日常需求，充分把握其时间性、群体性的行为规律，如图 7-60 所示。如礼堂、食堂、主要教学楼等人流较多地方的室外空间绿地应多设捷径，人行路面适当加宽；在生活区要配设停放自行车、快递存放、晾晒等区域；休闲购物区，可加入景观小品、蜿蜒小路调节生活情趣、放松身心。

(4) 景观性原则

校园虽然是教书育人的地方，但也应该具有优美的环境和高雅的格调。好的环境可以促进学习和工作效率，同时学生们也会因此产生自豪和骄傲的幸福感。校园环境的塑造主要体现在景观上。运用节点、边界、路径、地标、景区、开放、半开放、半封闭的"灰空间"等相关设计元素，运用借景、组景、透景、隔景等设计手法，将天、水、气、山、地、绿引入校园，形成布局紧凑、张弛有度、富有节奏感的校园空间环境，如图 7-61 所示。

(5) 最高效率原则

最高效率原则是校园空间设计中通过合理布局使学生在运动最短的距离内到达一个或多个既定的目的地。考虑到大学生在校园中的作息规律和生活习惯，可以得出在上课期间，需要在各空间中移动的一般次序。以此为依据，有序地布局，以达到最大程度方便学生的目的。

图 7-59（左）
中央美术学院外景图
图 7-60（右）
新南威尔士大学教学楼
前广场

(a)   (b)

（6）可持续发展原则

校园的规划应充分考虑未来的发展，使规划结构多样、协调、富有弹性、适应不断变化，满足可持续发展需求。因此，在校园空间设计中应注意建筑单体之间的协调性、对话性和关联性，形成道路连通，外部空间整体、连续。

图 7—61
瑞典于莫奥大学校园景观

7.4.2 学生活动行为分析

学生活动行为主要分为三个方面：必要性活动、自发性活动和社会性活动。

1. 必要性活动

必要性活动是指学生必须参加的活动，如早操、上课、吃饭等。这类活动受外部环境影响较大，没有选择的余地。

2. 自发性活动

自发性活动是以个人意愿为主导的，并且需要在时间、地点允许的情况下才会发生的活动，如散步、购物等。这类活动受外部环境影响较大，如果天气不好，活动将会取消。

3. 社会性活动

社会性活动指公共空间中有他人组织参加的各类活动，如校园艺术节、展览等。

7.4.3 校园环境设计

1. 提高校园空间功能的复合性

在传统的校园设计概念中，要明确划分出学习区、生活区。两个区域基本是相互对立和隔绝的。但是越来越多的人发现，学习是离不开生活的，而生活中也可以有学习。两者之间的融合带来了空间的融合。如在教学楼开敞的走廊或延伸至室外的公共空间设置一些座椅、自动售卖机、展览板等，为师生提供交流、休息、信息传达的平台，如图 7-62 所示。而在生活区中，也可设置自习用的桌椅为英语读书角等活动提供场所。

图 7-62（左）
教学区里的休闲空间
图 7-63（右）
校园休闲空间

2. 注重环境氛围的营造

青年人的思想活跃，喜欢新鲜事物和浪漫文艺的生活。校园空间氛围的营造可以带给学生心理上的满足。在校园中设置一些分散的小型休闲空间，营造浪漫、文艺的环境气氛，如图 7-63 所示。

3. 提高认同感和归属感

认同感是对场所精神的适应，即认定自己属于某一地方，这个地方由自然和文化的一切现象构成，是一个环境的总体。认同感的定位则需要对空间的秩序和结构进行认知，一个有意义的地方必须具有结构和秩序。空间结构和秩序的营造与学校历史文脉、地方文化特征、自然环境形态等都有着密切的关系。

4. 浓厚的校园文化特色

很多学校因为具有很浓烈的校园文化特色而被人们所熟知，成为"网红"学校。如厦门大学的芙蓉隧道，是中国最文艺、最长的涂鸦隧道，是厦门大学主要景点之一，吸引着无数文艺青年及游客来此观光，这些漂亮的涂鸦是厦大学子一笔一笔描绘而成的，描绘了他们的大学生活，如图 7-64 所示。这些涂鸦成为厦大校园文化的传承，一届届、一代代，不断更迭。人们能记住它、想起它、称赞它，这是一个校园文化成功的表现。因此，在校园环境设计中，设计师们应该将校园文化的传承和发展考虑到环境规划中。

5. 校园空间的塑造

人们关注的校园空间塑造主要体现在以下几个方面：

(1) 主要建筑的主入口（图 7-65）

(2) 开敞的草坪（图 7-66）

(3) 建筑之间的连廊与平台（图 7-67）

图 7-64
厦门大学的芙蓉隧道

■ 任务实施

1. 任务内容：对校园中的某一室外空间进行设计。设计既可以是改造设计，即在原有的基础上进行改良；也可以对其进行重新设计。

图 7-65（上左）
中国美术学院象山校区
图 7-66（下）
麻省理工学院
图 7-67（上右）
浙江大学

2. 任务要求：

（1）设计调研。包括地理情况、周边环境、人流量、植被等。

（2）拟定设计方案。

（3）完成设计方案。

（4）所有提交文件均用 A3 图纸完成。设计工程图及效果图可采用手绘或计算机绘图。

3. 所需文件内容：

（1）封皮；

（2）设计调研报告；

（3）设计说明；

（4）设计方案草图（包括规划图、拟用植被种类及类型图、相关设施设计图等）；

（5）设计工程图（包括平面布置图、立面图、局部详图、效果图等）。

8

项目八　无障碍环境设计

■ **项目目标**

　　本项目涉及三个任务，即儿童无障碍环境设计、老年人无障碍环境设计和残障者无障碍环境设计。分别通过儿童、老年人和残障者的人体尺寸、生理特点、设计要点等内容的学习与分析，展开相关的调研与设计工作。

■ **项目任务**

表 8-1

项目任务	关键词	学时
任务 8.1 儿童无障碍环境设计	儿童人体尺寸、儿童生理特点、儿童无障碍环境设计要点	4
任务 8.2 老年人无障碍环境设计	老年人人体尺寸、老年人生理特点、老年人无障碍环境设计要点	4
任务 8.3 残障者无障碍环境设计	残障者人体尺度、残障者生理特点、肢体残障者、视力残障者、无障碍标识	4

任务 8.1 儿童无障碍环境设计

■ **任务引入**

儿童是祖国的花朵，是未来的希望。一些不合理的设计将会对正处于生长发育期的儿童造成潜在的危险甚至无法弥补的伤害，如何为他们提供一个安全、舒适、幸福的空间环境呢？

本节我们的任务是完成儿童无障碍环境设计，通过儿童人体尺寸、生理特点分析以及设计要点等展开儿童无障碍环境设计相关知识的学习。

■ **知识链接**

儿童可以理解为 18 岁之前的未成年，按年龄可以分为六个阶段：

婴儿期：从出生～1岁。

幼儿期（又称先学前期）：1～3岁。

孩童、学龄前儿童（又称学前期）：3～6岁。

童年期（又称学龄初期、学龄儿童、小学生）：6～12岁，相当于小学阶段。

少年期（又称学龄中期）：12～15岁，相当于初中阶段。

青年期（又称学龄晚期）：15～18岁，相当于高中阶段。

每个阶段在生理特点上都有很大的区别，因此在涉及与儿童相关的设计时要充分考虑到儿童的快速生长特点，以及每一阶段儿童心理的发展状况。对于公共场所，要兼顾儿童设施的设计功能及安全，做到无障碍化设计。

8.1.1 儿童人体尺寸

针对未成年人生长的特殊情况，我国于 2011 年发布了国家标准《中国未成年人人体尺寸》GB/T 26158—2010，标准给出了未成年人（4～17岁）72 项人体尺寸所涉及的 11 个百分位数。适用于未成年人用品的设计与生产，以及未成年人相关设施的设计和安全防护。表 8-2～表 8-6 摘录了 4～17 岁我国未成年人部分人体尺寸。图 8-1、图 8-2 为立姿和坐姿测量项目示意。

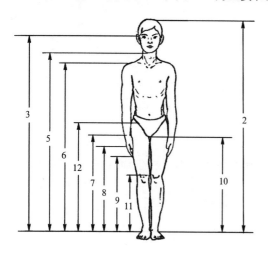
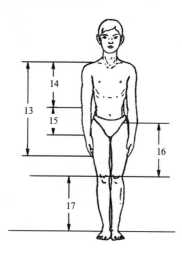

图 8-1
我国未成年人立姿测量
项目示意

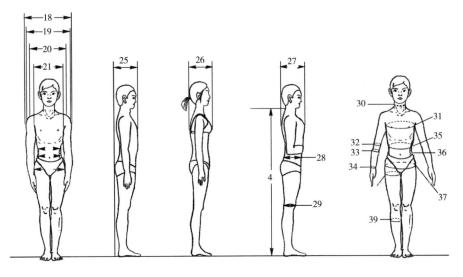

图 8-1（续）
我国未成年人立姿测量
项目示意

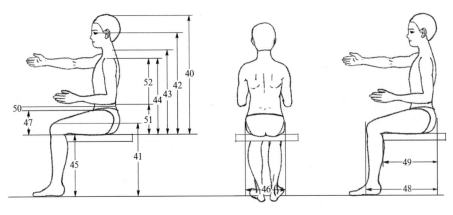

图 8-2
我国未成年人坐姿测量
项目示意

4～6岁未成年人人体尺寸（单位：mm）　　　　　　　　表 8-2

测量项目		男子											女子										
		百分位数											百分位数										
		1	2.5	5	10	25	50	75	90	95	97.5	99	1	2.5	5	10	25	50	75	90	95	97.5	99
立姿测量项目																							
1	体重（kg）	13.5	14.4	15.0	15.7	17.1	18.9	21.3	23.9	25.9	29.0	32.1	13.0	13.6	14.2	14.9	16.2	18.1	20.2	22.5	24.4	25.8	28.9
2	身高	971	986	1000	1025	1066	1113	1170	1210	1237	1258	1280	957	972	994	1014	1054	1109	1158	1194	1125	1241	1271
3	眼高	854	865	880	900	942	988	1042	1081	1104	1123	1146	837	858	875	898	934	985	1035	1077	1097	1114	1139
4	颈椎点高	773	787	797	815	854	897	945	984	1003	1024	1048	760	774	793	811	848	891	941	978	997	1017	1051
5	颏下点高	771	782	794	814	854	898	948	988	1009	1027	1046	755	774	790	812	849	895	945	981	1002	1024	1046
6	肩高	730	742	754	772	808	851	899	931	954	974	1001	710	725	746	765	803	844	895	930	950	966	1005
7	桡骨茎突点高	432	443	450	461	483	508	537	560	573	583	596	425	439	451	462	485	510	538	560	573	584	606
8	中指指点高	376	385	392	401	421	444	472	492	504	512	519	373	385	396	404	424	447	472	495	505	516	524
9	中指指尖点高	324	335	342	349	367	388	411	432	443	450	463	324	334	342	352	370	392	414	432	443	454	475
10	会阴高	359	373	380	393	417	449	478	503	516	528	542	364	376	387	399	421	452	481	506	521	531	549

测量项目		男子											女子										
		百分位数											百分位数										
		1	2.5	5	10	25	50	75	90	95	97.5	99	1	2.5	5	10	25	50	75	90	95	97.5	99
立姿测量项目																							
11	胫骨点高	208	215	221	228	241	259	277	292	302	309	316	206	215	222	228	242	258	277	291	299	304	314
12	髂前上棘点高	468	479	492	506	535	569	602	630	646	661	683	472	483	495	507	533	566	602	628	644	654	671
13	上肢长	396	402	411	421	441	466	491	509	524	538	540	386	394	405	415	433	459	484	505	516	527	560
14	上臂长	163	169	171	177	188	199	213	220	226	231	238	161	166	170	175	184	195	208	217	224	228	235
15	前臂长	112	116	123	126	137	145	155	166	173	180	184	112	116	123	126	134	144	155	166	170	177	181
16	大腿长	246	255	263	272	289	308	328	346	357	366	381	249	259	266	272	288	308	329	345	353	364	374
17	小腿长	175	182	188	193	206	224	239	254	264	271	278	137	181	190	197	209	224	242	255	264	271	282
18	最大体宽	265	270	274	280	291	304	318	335	349	364	377	258	262	267	272	283	296	311	325	339	349	367
19	肩最大宽	252	256	260	264	274	286	298	313	323	333	348	247	252	257	261	271	282	294	305	316	324	343
20	肩宽	211	214	218	224	233	245	257	268	274	280	292	208	212	218	223	233	245	256	266	273	280	289
21	胸宽	183	189	193	198	206	216	226	235	242	248	256	180	185	189	194	202	210	220	229	236	244	281
22	腰宽	163	166	169	173	180	189	199	211	218	231	241	159	161	165	169	176	184	195	204	213	222	234
23	两髂嵴点间宽	163	167	172	176	183	193	204	215	225	234	256	162	167	169	172	180	190	201	212	222	233	244
24	臀宽	180	186	191	195	202	212	223	234	242	253	264	180	185	190	194	202	212	224	234	241	250	259
25	体厚	149	155	159	165	173	184	195	206	213	222	234	144	149	153	159	168	177	188	199	207	212	225
26	乳头点胸厚	132	136	138	142	149	155	164	172	177	184	191	128	131	134	137	143	151	158	167	172	179	187
27	胸厚	126	128	131	134	140	147	154	162	167	174	184	121	123	126	129	135	141	148	157	161	166	175
28	腹厚	122	125	129	133	139	147	156	166	175	182	197	110	120	125	129	135	143	152	162	168	178	190
29	膝厚	60	62	63	65	69	74	79	84	87	90	96	58	61	63	65	69	73	78	84	86	89	97
30	颈围	226	231	236	240	248	258	268	281	288	297	309	217	222	226	231	239	248	258	269	277	283	297
31	胸围	518	532	543	553	573	598	628	657	677	708	742	507	515	527	538	559	584	611	637	657	691	719
32	肘围	139	143	148	152	160	169	177	188	195	200	214	131	139	142	147	156	164	174	182	190	196	206
33	前臂围	127	131	137	142	149	159	169	180	186	196	210	123	131	134	140	147	156	167	176	184	191	198
34	腕围	99	103	106	111	117	124	133	143	154	162	170	98	101	105	109	115	122	132	142	152	157	166
35	腰围	446	456	464	473	490	512	539	571	607	635	678	432	439	448	458	477	498	522	554	576	603	653
36	腹围	466	469	477	485	504	527	554	590	627	652	704	451	459	467	477	495	517	544	575	604	636	668
37	臀围	509	523	530	541	563	588	622	652	681	716	749	508	515	525	535	557	586	617	650	672	692	728
38	大腿围	263	273	280	288	303	325	347	375	392	342	450	265	274	281	289	308	331	356	383	404	427	452
39	腿肚围	192	198	204	208	218	229	243	259	270	282	298	191	197	200	205	216	228	241	255	265	274	294
坐姿测量项目																							
40	坐高	550	560	570	585	603	628	653	675	686	697	706	545	560	567	574	599	625	646	672	682	697	719
41	膝高	266	274	281	289	303	323	343	356	363	372	384	262	270	276	285	302	316	339	356	364	371	380
42	眼高	433	445	457	469	488	513	535	557	570	577	587	430	444	451	462	484	509	531	556	567	580	596
43	颈椎点高	361	366	375	386	401	421	441	459	469	477	487	354	365	372	379	397	416	436	455	456	477	491

测量项目	男子 百分位数											女子 百分位数										
	1	2.5	5	10	25	50	75	90	95	97.5	99	1	2.5	5	10	25	50	75	90	95	97.5	99
坐姿测量项目																						
44 肩高	314	325	332	343	361	379	397	419	430	440	448	313	321	332	339	357	376	397	415	426	433	449
45 小腿加足高	207	216	223	230	245	263	281	283	299	303	313	202	209	220	228	244	262	280	296	302	209	318
46 臀宽	173	181	185	191	201	212	223	235	245	252	268	276	180	184	188	198	209	222	236	245	250	266
47 大腿厚	61	69	72	72	79	87	94	104	100	116	118	66	60	72	72	79	87	94	101	108	112	119
48 臀－膝距	302	307	315	323	338	357	377	396	407	417	429	303	310	316	323	340	359	380	398	409	418	429
49 臀－腘距	233	243	249	259	274	294	313	331	340	349	358	240	247	254	264	280	300	318	334	345	354	364
50 腹围	484	491	502	510	532	560	596	640	665	704	744	471	481	490	502	522	549	582	623	651	680	713
51 肘高	112	123	130	137	148	162	177	191	199	206	213	116	123	130	137	148	162	173	188	195	199	206
52 肩肘距	180	184	188	195	206	217	228	238	246	253	256	297	307	311	318	329	340	354	365	372	379	386

7～10岁未成年人人体尺寸（单位：mm） 表8-3

测量项目	男子 百分位数											女子 百分位数										
	1	2.5	5	10	25	50	75	90	95	97.5	99	1	2.5	5	10	25	50	75	90	95	97.5	99
立姿测量项目																						
1 体重（kg）	17.9	19.3	20.3	21.4	23.9	27.9	33.6	40.9	46.4	49.9	55.3	17.1	18.2	19.2	20.3	22.7	26.0	31.0	36.8	41.0	44.7	50.0
2 身高	1130	1166	1187	1214	1260	1320	1380	1431	1462	1486	1525	1125	1146	1170	1198	1246	1306	1370	1429	1466	1498	1543
3 眼高	1009	1043	1062	1088	1135	1194	1251	1303	1329	1356	1391	1001	1025	1046	1075	1122	1180	1242	1298	1333	1365	1416
4 颈椎点高	912	944	962	985	1030	1085	1140	1190	1216	1238	1280	906	930	948	974	1018	1073	1132	1186	1219	1248	1294
5 颏下点高	916	952	969	992	1038	1093	1150	1197	1226	1248	1284	912	935	955	984	1028	1082	1143	1194	1229	1264	1313
6 肩高	873	899	916	941	981	1038	1092	1136	1165	1186	1219	862	884	904	927	970	1024	1081	1132	1166	1191	1231
7 桡骨茎突点高	514	533	546	561	584	620	652	684	700	716	732	515	526	540	555	580	612	648	681	699	717	742
8 中指指点高	446	464	479	490	514	544	573	602	616	628	645	450	461	472	489	512	543	576	605	620	635	659
9 中指指尖点高	390	407	417	428	447	476	504	529	544	555	569	396	403	414	428		475	504	532	547	559	583
10 会阴高	456	474	486	500	529	565	597	626	644	662	677	463	478	489	506	532	568	604	633	654	673	697
11 胫骨点高	260	271	279	287	305	325	347	366	378	389	400	258	269	277	287	303	323	344	364	376	387	397
12 髂前上棘点高	581	601	615	630	664	704	744	779	800	818	843	581	598	610	630	659	702	743	781	803	821	851
13 上肢长	474	485	495	511	534	563	592	615	631	645	661	462	476	478	488	521	550	580	607	626	641	665
14 上臂长	199	202	209	216	227	240	254	267	274	282	289	193	199	203	210	220	235	249	264	271	278	289
15 前臂长	137	145	152	159	169	180	191	202	206	213	221	141	148	152	159	166	177	188	199	206	213	220
16 大腿长	305	315	325	336	354	379	401	423	434	446	456	307	318	324	336	354	378	402	425	437	448	465
17 小腿长	222	232	238	247	263	282	303	322	332	343	358	220	229	238	247	264	282	302	321	332	343	354
18 最大体宽	284	292	299	306	320	340	370	403	429	443	454	280	286	291	299	312	330	352	377	395	411	429
19 肩最大宽	277	283	289	296	308	326	349	376	392	404	418	271	278	283	290	302	319	338	358	374	386	404

测量项目	男子											女子										
	百分位数											百分位数										
	1	2.5	5	10	25	50	75	90	95	97.5	99	1	2.5	5	10	25	50	75	90	95	97.5	99
立姿测量项目																						
20 肩宽	242	248	252	259	271	286	303	317	327	335	343	238	244	250	257	268	283	299	314	324	333	342
21 胸宽	207	211	215	221	232	246	262	282	294	302	312	197	202	208	213	224	236	251	265	277	288	298
22 腰宽	177	181	185	190	200	213	237	267	282	294	306	168	173	179	184	195	209	226	246	264	276	289
23 两髂嵴点间宽	182	186	190	196	206	220	242	270	285	297	309	175	180	186	191	201	215	233	253	269	281	299
24 臀宽	206	210	214	221	232	247	267	288	301	311	323	202	207	213	21	231	246	263	281	292	305	318
25 体厚	160	167	172	177	188	203	221	246	261	271	285	153	158	165	170	179	192	207	224	237	250	261
26 乳头点胸厚	142	147	151	154	163	173	187	205	217	225	238	136	140	143	148	156	165	178	191	205	216	226
27 胸厚	133	137	141	144	152	162	174	189	198	207	218	127	131	134	138	145	154	165	178	186	195	209
28 腹厚	128	132	136	140	147	160	179	207	222	236	252	120	126	130	135	144	154	169	189	203	218	232
29 膝厚	70	73	75	78	83	89	97	105	110	115	118	66	70	73	77	82	88	95	101	106	110	115
30 颈围	238	243	247	252	261	274	291	310	322	332	342	219	229	235	241	250	262	274	290	300	309	323
31 胸围	559	581	593	607	636	675	737	808	853	889	926	537	554	569	585	614	649	698	754	802	841	882
32 肘围	149	153	157	163	172	186	200	218	228	237	248	140	147	152	157	167	179	191	205	214	223	232
33 前臂围	139	142	147	152	163	177	193	210	221	231	239	136	140	145	152	161	172	185	200	209	219	224
34 腕围	106	109	113	117	125	135	149	162	172	179	189	104	109	112	115	121	129	138	148	154	161	168
35 腰围	473	484	494	504	529	568	634	726	769	808	851	445	459	472	487	514	546	597	658	707	751	790
36 腹围	490	502	513	525	550	589	659	751	798	837	877	469	485	497	512	539	574	628	693	737	783	832
37 臀围	570	585	597	610	642	686	741	808	843	866	898	559	574	586	605	638	676	727	780	810	848	881
38 大腿围	298	311	318	329	352	384	430	475	501	525	547	298	308	318	332	354	384	423	461	485	511	539
39 腿肚围	216	224	229	236	251	269	294	321	337	349	356	211	217	224	233	247	264	284	306	322	335	351
坐姿测量项目																						
40 坐高	625	639	653	664	686	715	740	765	776	791	808	621	632	645	657	679	708	737	762	780	802	827
41 膝高	325	335	343	353	371	393	417	436	449	457	468	323	328	338	350	367	389	411	432	446	457	469
42 眼高	509	524	535	548	570	596	621	645	659	672	684	498	514	525	538	561	589	617	643	661	679	701
43 颈椎点高	414	427	437	448	456	488	513	531	543	555	570	408	419	427	440	459	480	506	527	545	561	584
44 肩高	372	386	396	405	426	448	473	491	505	516	531	368	383	388	397	419	440	466	488	502	517	534
45 小腿加足高	263	272	280	288	302	324	342	260	371	378	389	263	269	277	285	300	320	339	357	368	380	387
46 臀宽	200	206	212	218	231	247	269	292	306	317	331	195	201	209	216	227	244	263	282	299	312	323
47 大腿厚	76	79	83	87	97	108	119	130	134	141	145	74	79	83	87	94	101	116	123	130	134	144
48 臀-膝距	358	372	381	391	413	440	466	492	509	519	535	362	372	382	394	413	439	465	490	508	522	538
49 臀-腘距	292	302	311	322	341	364	388	409	423	435	446	296	308	316	326	345	365	391	413	428	441	456
50 腹围	514	526	535	549	580	631	710	805	859	898	939	485	503	517	533	566	612	668	744	790	826	882
51 肘高	137	147	152	159	173	188	202	217	227	235	249	137	145	152	159	170	184	199	213	224	235	246
52 肩肘距	217	220	227	231	246	260	274	285	293	300	310	209	217	224	228	242	253	271	282	293	300	307

11～12岁未成年人人体尺寸（单位：mm）

表 8-4

测量项目		男子											女子										
		百分位数											百分位数										
		1	2.5	5	10	25	50	75	90	95	97.5	99	1	2.5	5	10	25	50	75	90	95	97.5	99
		立姿测量项目																					
1	体重（kg）	24.8	26.2	27.6	29.2	32.6	38.0	40.5	53.9	60.3	68.1	75.4	24.7	26.1	27.3	29.0	32.7	37.8	44.1	51.0	56.4	61.5	69.0
2	身高	1309	1330	1350	1374	1418	1466	1521	1828	1620	1650	1677	1308	1338	1361	1390	1437	1487	1540	1584	1610	1630	1658
3	眼高	1182	1202	1223	1246	1288	1338	1392	1453	1486	1516	1547	1185	1218	1238	1266	1310	1361	1413	1454	1479	1501	1535
4	颈椎点高	1079	1100	1118	1139	1178	1224	1277	1329	1307	1392	1421	1070	1104	1132	1153	1107	1211	1203	1332	1357	1380	1404
5	颏下点高	1085	1104	1124	1144	1186	1233	1284	1346	1374	1403	1435	1087	1118	1140	1165	1208	1259	1306	1348	1371	1396	1425
6	肩高	1028	1048	1065	1086	1126	1169	1218	1270	1299	1327	1353	1029	1057	1079	1103	1140	1187	1231	1270	1295	1313	1344
7	桡骨茎突点高	608	617	629	642	669	699	731	763	782	800	812	609	627	641	655	681	710	736	763	776	791	811
8	中指指点高	518	535	548	561	584	613	641	670	689	702	718	525	544	555	573	601	628	655	678	692	703	720
9	中指指尖点高	457	471	482	493	515	537	564	591	605	616	631	472	485	494	507	527	551	576	597	608	620	634
10	会阴高	557	586	580	597	619	647	674	702	720	734	750	568	585	598	611	635	661	688	716	730	741	752
11	胫骨点高	313	321	329	338	353	371	393	414	425	436	448	316	326	333	342	359	374	392	407	417	425	436
12	髂前上棘点高	700	714	721	743	771	801	837	873	894	912	939	699	718	737	754	783	814	846	873	891	906	924
13	上肢长	556	567	578	589	607	632	661	686	706	722	763	549	567	575	589	610	635	661	680	693	707	719
14	上臂长	231	238	243	249	260	271	285	296	307	314	320	231	238	243	249	260	274	285	296	303	310	320
15	前臂长	170	173	177	184	191	202	213	224	231	235	242	170	173	178	184	195	202	213	225	231	238	246
16	大腿长	359	372	383	393	411	430	451	470	484	495	514	369	379	390	399	418	438	459	477	488	495	509
17	小腿长	263	275	284	292	308	325	347	366	379	386	398	274	282	289	300	314	331	347	361	368	379	391
18	最大体宽	317	324	331	340	356	380	412	445	464	483	508	315	320	326	335	350	372	398	425	443	462	484
19	肩最大宽	313	317	323	330	343	362	386	409	427	441	451	308	315	320	327	341	358	378	398	414	426	438
20	肩宽	272	281	287	292	304	318	334	349	360	370	384	271	278	287	295	307	322	336	350	359	368	378
21	胸宽	230	236	241	247	257	272	290	309	322	333	343	224	230	234	240	251	266	283	300	311	323	331
22	腰宽	193	200	206	212	223	239	265	293	309	323	343	191	198	204	211	221	239	259	281	295	310	322
23	两髂嵴点间宽	200	206	211	218	229	246	270	296	311	326	338	198	205	211	217	230	245	263	283	298	310	323
24	臀宽	233	239	244	250	262	278	297	315	329	343	358	236	241	247	256	259	288	306	323	337	347	364
25	体厚	170	180	183	190	201	218	239	265	280	294	312	164	173	178	186	197	212	228	245	260	273	286
26	乳头点胸厚	152	157	162	167	176	190	207	229	243	252	268	147	153	157	163	173	187	205	237	237	250	263
27	胸厚	146	149	154	159	167	178	194	211	225	235	249	141	146	150	154	162	173	186	201	211	220	234
28	腹厚	133	138	142	145	158	173	198	225	244	260	275	130	136	141	145	155	169	186	209	223	237	259
29	膝厚	82	85	87	90	96	102	110	117	122	127	133	82	85	87	90	95	102	108	115	119	124	129
30	颈围	251	286	261	266	278	293	312	331	346	352	380	239	247	253	258	269	282	296	312	323	331	339
31	胸围	618	634	649	665	699	750	818	896	940	985	1040	602	618	631	652	689	737	789	871	909	947	1001
32	肘围	163	169	174	181	192	206	222	239	249	257	267	157	162	167	173	184	197	212	227	236	245	262
33	前臂围	156	162	168	173	184	200	216	323	241	254	265	158	162	166	172	182	194	210	224	235	245	260
34	腕围	116	121	124	129	136	147	168	173	183	193	230	112	116	120	124	132	140	149	159	165	171	177

测量项目	男子											女子										
	百分位数											百分位数										
	1	2.5	5	10	25	50	75	90	95	97.5	99	1	2.5	5	10	25	50	75	90	95	97.5	99
立姿测量项目																						
35 腰围	508	524	536	549	580	629	709	802	854	903	944	499	510	523	539	568	612	673	742	783	828	880
36 腹围	532	545	556	571	604	657	738	832	881	925	982	525	541	555	571	601	647	710	782	824	871	923
37 臀围	645	661	672	689	723	771	829	887	923	974	1025	653	666	681	699	738	787	843	896	929	967	1020
38 大腿围	349	359	366	380	406	441	486	528	553	571	608	358	366	375	386	411	447	488	532	559	579	600
39 腿肚围	245	252	259	266	283	304	331	355	370	384	399	250	255	259	267	281	303	325	348	361	371	385
坐姿测量项目																						
40 座高	693	704	715	729	747	776	802	834	852	867	891	700	715	726	740	765	794	823	849	865	875	888
41 膝高	389	396	403	411	428	446	465	487	501	511	520	390	400	406	415	431	449	465	482	491	501	511
42 眼高	574	589	596	610	629	656	683	711	729	749	766	578	596	607	619	643	672	700	726	740	753	767
43 颈椎点高	469	480	491	502	517	541	563	592	607	625	643	473	484	495	508	528	553	580	604	617	630	642
44 肩高	429	438	448	459	477	498	523	545	563	574	592	430	444	451	466	484	509	531	553	563	574	585
45 小腿加足高	310	318	324	335	349	367	382	399	409	421	430	316	324	331	339	355	371	382	397	404	414	424
46 臀宽	226	235	242	248	262	280	302	323	339	345	365	230	236	242	250	267	288	308	328	343	352	366
47 大腿厚	90	94	97	101	109	119	134	144	152	159	166	90	94	97	101	108	119	130	141	148	155	161
48 臀－膝距	430	441	448	458	478	500	525	549	565	576	594	439	448	456	468	487	511	533	553	567	581	600
49 臀－腘距	349	360	367	377	396	410	437	457	471	485	501	354	369	379	389	407	420	448	467	490	490	504
50 腹围	549	564	581	602	644	706	796	888	943	992	1059	547	558	573	592	634	687	756	830	883	926	982
51 肘高	155	163	170	177	188	206	224	238	253	264	271	162	166	173	181	195	213	228	245	256	264	271
52 肩肘距	249	256	264	267	278	292	307	318	328	332	340	249	256	264	267	282	296	307	321	329	332	340

13～15岁未成年人人体尺寸（单位：mm）　　表8-5

测量项目	男子											女子										
	百分位数											百分位数										
	1	2.5	5	10	25	50	75	90	95	97.5	99	1	2.5	5	10	25	50	75	90	95	97.5	99
立姿测量项目																						
1 体重 (kg)	29.9	32.3	34.7	38.2	43.7	50.5	58.8	69.4	76.3	83.5	90.6	31.1	33.8	35.5	38.1	41.8	46.6	52.8	60.3	65.3	70.5	78.4
2 身高	1412	1438	1469	1506	1574	1638	1694	1740	1765	1790	1816	1420	1452	1474	1497	1534	1573	1611	1647	1669	1689	1710
3 眼高	1287	1312	1339	1379	1443	1506	1559	1605	1630	1652	1671	1302	1327	1345	1368	1407	1444	1483	1519	1540	1555	1583
4 颈椎点高	1170	1201	1227	1262	1321	1378	1432	1472	1494	1515	1537	1189	1211	1229	1251	1284	1322	1359	1390	1410	1428	1451
5 颏下点高	1183	1212	1237	1273	1335	1396	1447	1490	1515	1537	1559	1201	1223	1234	1266	1302	1338	1375	1409	1429	1445	1471
6 肩高	1115	1147	1173	1205	1259	1312	1364	1407	1427	1448	1475	1130	1150	1169	1191	1223	1250	1297	1328	1349	1370	1391
7 桡骨茎突点高	666	678	693	716	747	781	814	839	854	868	883	660	681	695	707	728	754	778	800	814	826	840
8 中指指点高	575	595	606	627	656	688	717	742	757	768	786	580	594	610	624	645	667	692	711	724	736	750
9 中指指尖点高	507	521	533	548	573	601	627	651	664	677	689	506	532	534	547	566	587	609	627	640	649	666

测量项目		男子											女子										
		百分位数											百分位数										
		1	2.5	5	10	25	50	75	90	95	97.5	99	1	2.5	5	10	25	50	75	90	95	97.5	99
立姿测量项目																							
10	会阴高	611	626	641	659	688	717	749	773	789	806	820	611	626	634	647	669	691	716	740	752	763	773
11	胫骨点高	346	357	366	377	395	414	435	453	462	472	485	339	346	353	362	357	392	408	422	432	440	448
12	髂前上棘点高	760	782	802	823	859	894	929	958	978	992	1011	756	769	786	801	827	855	883	910	926	941	956
13	上肢长	603	620	632	650	679	711	737	761	773	783	798	600	614	624	633	651	672	692	711	722	730	740
14	上臂长	253	260	267	273	289	303	318	330	336	343	349	253	260	264	271	280	291	303	313	319	325	330
15	前臂长	184	191	195	202	213	224	238	249	256	360	267	177	186	191	195	206	213	224	231	238	242	249
16	大腿长	393	409	420	433	455	479	502	523	534	546	558	394	402	413	425	442	462	483	502	515	527	542
17	小腿长	300	311	318	329	346	363	383	401	412	419	430	292	300	307	317	332	346	362	379	385	391	403
18	最大体宽	342	351	362	374	394	417	444	473	497	512	540	343	353	361	370	386	404	426	452	470	480	506
19	肩最大宽	334	345	352	362	381	402	423	442	455	469	482	335	343	349	358	371	385	401	419	433	446	461
20	肩宽	297	305	312	322	339	357	376	392	400	406	415	298	307	314	320	332	343	356	368	375	383	392
21	胸宽	244	252	259	267	282	301	320	338	352	360	373	240	248	254	261	273	286	303	318	328	337	348
22	腰宽	207	215	221	229	242	259	280	311	327	339	362	210	220	226	234	247	263	280	300	313	326	345
23	两髂嵴点间宽	216	222	229	236	249	265	285	312	325	341	361	281	225	232	239	252	266	284	302	316	329	346
24	臀宽	251	258	268	277	293	311	329	347	361	372	385	265	274	383	292	306	320	335	352	362	372	387
25	体厚	185	189	195	202	213	228	247	269	285	296	311	182	188	195	202	214	229	246	264	275	288	300
26	乳头点胸厚	166	170	175	181	192	205	221	242	256	265	283	163	170	177	183	196	210	227	247	260	274	287
27	胸厚	157	162	167	173	183	197	212	229	240	249	262	155	160	165	169	178	189	201	214	224	233	246
28	腹厚	141	147	152	157	167	180	203	233	255	268	286	141	147	151	156	167	181	197	218	233	246	267
29	膝厚	89	94	97	101	106	113	120	126	131	135	140	91	93	96	98	103	108	115	120	124	129	134
30	颈围	262	272	279	288	303	322	341	360	372	384	398	263	269	243	278	288	300	313	328	338	348	358
31	胸围	600	688	705	727	769	822	885	963	1008	1045	1102	666	690	708	731	770	815	869	937	975	1013	1057
32	肘围	173	180	186	194	206	220	237	253	265	276	288	167	175	180	185	197	210	225	240	251	261	271
33	前臂围	171	180	186	193	207	222	238	255	265	274	285	171	176	183	188	199	210	223	238	247	254	265
34	腕围	123	129	133	139	148	158	168	179	185	192	200	122	126	130	134	140	148	157	166	171	175	181
35	腰围	541	559	571	587	621	663	733	834	887	936	992	537	552	566	586	620	663	715	780	824	870	920
36	腹围	570	586	600	619	651	697	768	868	923	973	1031	567	590	605	626	661	706	764	830	871	916	984
37	臀围	697	719	741	764	807	856	907	967	1011	1052	1095	731	755	775	797	831	871	916	967	997	1027	1065
38	大腿围	380	390	402	416	445	480	525	573	603	629	658	391	407	420	436	464	495	535	579	605	632	662
39	腿肚围	265	276	284	295	313	335	361	387	405	421	439	267	278	286	296	311	329	351	373	388	401	418
坐姿测量项目																							
40	坐高	740	758	773	791	827	866	899	924	939	953	964	758	780	791	802	823	849	870	888	899	910	924
41	膝高	421	432	443	457	474	493	512	527	536	544	554	418	425	432	440	454	468	482	492	504	511	519
42	眼高	621	632	650	669	704	740	773	798	813	827	838	635	654	668	679	701	722	744	764	775	787	802

测量项目		男子											女子										
		百分位数											百分位数										
		1	2.5	5	10	25	50	75	90	95	97.5	99	1	2.5	5	10	25	50	75	90	95	97.5	99
坐姿测量项目																							
43	颈椎点高	509	524	536	553	581	617	644	668	679	690	704	520	534	547	560	579	599	621	639	650	661	675
44	肩高	469	480	491	509	534	563	589	610	628	639	654	477	488	498	512	531	552	570	589	599	610	621
45	小腿加足高	342	356	363	371	386	403	421	439	447	454	465	333	342	346	356	370	382	396	407	417	424	429
46	臀宽	245	254	262	271	289	309	330	350	362	376	391	260	271	279	288	303	320	337	355	366	377	390
47	大腿厚	97	101	105	108	119	130	144	155	163	170	177	94	101	105	108	119	126	141	152	159	163	170
48	臀－膝距	407	482	494	508	530	554	577	596	608	619	632	477	487	498	507	524	543	561	578	590	600	613
49	臀－腘距	378	391	403	416	437	461	482	501	511	519	532	389	402	411	420	436	454	473	490	499	507	520
50	腹围	583	603	620	642	678	729	809	911	970	1030	1099	589	605	624	646	686	739	805	876	922	963	1018
51	肘高	173	181	191	199	217	235	253	271	285	293	310	180	188	195	202	217	235	253	267	278	285	296
52	肩肘距	271	282	289	296	311	325	340	354	361	368	376	274	278	285	292	303	314	325	336	339	347	354

16 ～ 17 岁未成年人人体尺寸（单位：mm）　　　表 8—6

测量项目		男子											女子										
		百分位数											百分位数										
		1	2.5	5	10	25	50	75	90	95	97.5	99	1	2.5	5	10	25	50	75	90	95	97.5	99
立姿测量项目																							
1	体重（kg）	40.1	42.9	45.1	47.9	51.5	56.7	63.7	72.4	80.4	88.4	95.5	38.3	40.0	41.2	43.1	46.5	50.5	55.3	61.1	65.4	69.4	75.6
2	身高	1553	1578	1602	1626	1665	1706	1746	1785	1809	1828	1858	1456	1486	1501	1520	1551	1590	1627	1662	1686	1701	1721
3	眼高	1421	1450	1470	1495	1533	1573	1613	1652	1672	1696	1726	1334	1357	1347	1389	1425	1461	1498	1537	1558	1570	1548
4	颈椎点高	1298	1324	1344	1367	1401	1442	1478	1512	1535	1553	1579	1226	1245	1255	1271	1305	1338	1372	1408	1427	1440	1462
5	颏下点高	1316	1341	1361	1387	1422	1461	1501	1534	1555	1576	1609	1233	1255	1169	1284	1319	1353	1390	1425	1444	1458	1478
6	肩高	1236	1262	1277	1299	1335	1371	1409	1444	1468	1484	1509	1164	1183	1197	1211	1243	1276	1310	1345	1364	1378	1369
7	桡骨茎突点高	726	743	753	767	792	816	843	865	880	894	911	691	702	711	724	742	764	786	808	822	833	850
8	中指指点高	637	649	663	677	699	723	746	768	782	796	812	609	619	627	640	657	678	699	720	732	743	756
9	中指指尖点高	555	566	577	590	609	631	652	674	685	699	710	536	544	551	562	577	597	617	635	638	657	670
10	会阴高	658	666	676	691	715	742	767	791	806	820	836	612	626	634	646	669	691	719	741	755	769	781
11	胫骨点高	370	377	385	395	409	429	444	462	471	481	493	338	346	353	363	378	393	409	423	431	439	447
12	髂前上棘点高	824	839	854	869	897	924	955	980	996	1011	1037	767	783	791	806	829	855	885	913	930	944	960
13	上肢长	664	675	683	695	718	739	760	780	793	804	819	608	621	629	639	657	679	697	718	729	738	752
14	上臂长	275	285	289	296	307	318	331	340	347	354	361	256	264	268	274	284	294	306	314	322	329	334
15	前臂长	199	205	209	217	224	235	246	253	260	267	274	184	188	194	199	206	217	226	235	242	246	253
16	大腿长	424	440	451	462	480	498	517	532	545	556	567	404	412	421	430	445	465	484	506	519	530	545
17	小腿长	314	325	330	339	354	373	393	412	420	430	440	289	296	305	314	330	347	365	379	386	394	403
18	最大体宽	381	391	400	409	423	439	459	486	509	531	551	372	378	384	390	403	481	435	454	470	483	505

测量项目	男子												女子											
	百分位数											百分位数											
	1	2.5	5	10	25	50	75	90	95	97.5	99	1	2.5	5	10	25	50	75	90	95	97.5	99
立姿测量项目																							
19 肩最大宽	371	383	389	398	412	426	442	460	471	485	513	357	363	369	347	385	397	411	425	436	446	458
20 肩宽	326	336	346	354	359	383	398	409	416	423	430	309	315	322	328	340	351	364	375	382	389	402
21 胸宽	268	277	284	292	304	320	335	352	363	372	385	253	259	265	273	284	298	310	322	330	338	350
22 腰宽	228	233	240	247	258	272	287	311	332	347	359	227	234	242	250	262	275	288	305	318	331	344
23 两髂嵴点间宽	236	241	247	253	264	276	291	311	331	350	363	233	242	247	254	265	278	282	307	318	328	340
24 臀宽	285	291	297	305	315	326	340	356	368	379	398	292	289	305	312	321	332	345	358	367	375	384
25 体厚	191	199	205	211	223	238	254	272	290	305	325	193	200	205	213	224	238	252	266	276	284	296
26 乳头点胸厚	177	182	186	192	201	214	228	247	260	274	290	179	187	192	198	209	221	236	253	263	272	282
27 胸厚	174	178	183	188	197	208	220	235	246	258	272	165	169	173	178	187	196	207	218	226	233	240
28 腹厚	150	155	161	166	175	187	202	230	251	271	286	152	156	160	166	175	186	201	219	230	242	259
29 膝厚	97	101	103	106	111	117	123	129	133	137	141	94	97	99	101	105	110	116	121	124	128	132
30 颈围	301	306	310	317	329	342	357	374	385	400	410	272	278	282	287	297	307	319	332	342	350	358
31 胸围	742	757	771	791	823	867	917	987	1042	1086	1123	733	746	762	778	811	849	892	943	973	1005	1036
32 肘围	188	192	199	207	217	230	244	259	270	280	288	179	186	191	197	206	217	229	241	250	259	270
33 前臂围	189	203	208	215	225	237	249	262	272	281	291	185	190	194	199	208	218	229	239	246	253	264
34 腕围	136	140	144	148	156	164	173	183	192	201	210	128	132	135	139	144	151	159	169	178	203	219
35 腰围	577	594	610	625	656	693	742	832	900	948	997	577	593	606	624	653	690	734	791	835	875	914
36 腹围	611	630	644	661	690	727	776	871	940	981	1033	622	638	651	669	700	737	785	839	873	914	954
37 臀围	785	802	818	835	863	894	937	986	1026	1062	1118	804	818	832	847	870	900	935	974	1001	1025	1065
38 大腿围	418	431	443	455	477	506	545	588	620	649	686	435	449	459	471	493	517	547	581	608	637	667
39 腿肚围	290	298	307	315	330	349	370	396	413	426	445	288	296	304	311	323	339	356	376	387	397	410
坐姿测量项目																							
40 坐高	817	841	859	870	892	917	939	957	971	982	989	794	805	813	827	845	863	885	899	913	921	932
41 膝高	448	458	465	475	490	505	522	534	545	555	566	422	428	433	440	454	468	483	497	507	512	523
42 眼高	693	717	733	747	766	790	810	830	845	852	864	672	682	692	703	720	740	759	777	787	790	807
43 颈椎点高	575	596	607	618	639	657	679	695	708	716	728	556	567	577	585	599	617	635	653	664	675	693
44 肩高	524	538	549	563	582	603	625	643	653	661	675	506	516	524	534	549	567	585	599	610	621	632
45 小腿加足高	353	362	369	381	393	414	433	450	460	467	479	331	335	346	353	368	379	393	407	414	425	433
46 臀宽	273	283	291	298	313	327	343	362	377	390	409	284	291	299	306	317	330	345	359	370	378	392
47 大腿厚	108	112	116	119	126	137	148	162	170	173	183	105	108	112	116	123	134	141	152	159	163	170
48 臀-膝距	510	519	526	535	552	572	590	608	620	630	642	492	501	509	516	531	548	565	582	592	600	610
49 臀-腘距	407	418	427	440	457	475	493	510	521	531	540	381	399	410	422	441	459	477	493	503	511	522
50 腹围	619	639	654	672	705	746	804	894	976	1043	1093	629	647	664	683	717	764	817	875	921	948	987
51 肘高	199	206	217	228	242	260	270	296	306	314	325	195	202	209	217	231	249	264	282	289	296	307
52 肩肘距	297	307	311	318	329	340	354	365	372	379	386	274	278	285	292	303	314	325	336	339	347	354

8.1.2 儿童生理特点

0 ~ 3 岁年龄层：生理上处于不断变化的不稳定时期。视觉在逐渐发展，但无法集中注意力，喜欢用听觉和触觉探索世界。喜欢攀爬，对一切事物都感到好奇。

3 ~ 6 岁年龄层：本阶段是一个孩子性格的形成期，也是自我意识逐渐完善的时期。在这个阶段，儿童进入幼儿园学习，逐渐开始接触集体生活，开始与人交流、交朋友等，基本有了自主生活的能力，如独立吃饭、睡觉、上厕所等。

6 ~ 12 岁年龄层：个性、爱好已经比较突出，有很强的独立自主欲望，有一定的从众心理。这个阶段的孩子已经开始接受小学教育，有了系统化、规律化的学习生活。女生的生长发育在这个时期要快于男生。

12 ~ 18 岁年龄层：青少年时期特别是后期可以看作是由儿童向成年人转变的过渡时期，无论在生理还是心理上都开始变得成熟。开始喜欢封闭的、属于自己的独立空间，从众心理减弱，逐步有了自己的想法，独立性变强。这个时期正处于中考、高考的重要阶段，因此学习占用时间较多、压力较大。

8.1.3 儿童无障碍环境设计要点

1. 儿童家具设计

儿童家具设计近年来发展较为迅速。在 20 世纪至 21 世纪最早期，人们对儿童家具的认识还停留在成人家具的缩小版，或是根本没有任何概念。但随着人们生活质量的提高，独生子女的增多，越来越多的家长开始关注孩子成长的同时，也想把最好的资源给予自己的孩子，包括使用的家具。目前，在我国很多儿童拥有自己独立的空间，室内设计也随着儿童的天性和喜好有了各式各样的主题，如公主房、航海空间等。这些主题离不开不同类型、风格的家具作为呼应，但这些家具只追求外在的美观和成人化的设计标准是远远不够的，潜在的安全隐患和不符合儿童生理特点的问题逐渐暴露出来。什么样的设计才能舒适、安全地陪伴孩子的成长呢？ 2011 年发布的《儿童家具通用技术条件》GB 28007—2011 给予了相关规定。

（1）边缘及尖端

儿童喜欢奔跑和嬉闹，但在玩耍过程中自我控制的能力较差，因此常常会与家具或其他设施相碰撞。为此，距离地面高度 1600mm 以下的可接触危险外角的家具的棱角和边缘，都应做倒圆或倒角处理，如图 8-3 所示。倒圆半径不小于 10mm，或倒圆弧长不小于 15mm。

（2）孔及间隙

很多家具在造型设计上会有一些小孔洞，虽然美观，但也会给儿童带来潜在危险，

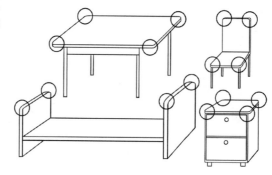

图 8-3
倒圆或倒角处理

如图 8-4 所示。为了防止孩子的头、手、胳膊等身体部位被卡住，国家规范要求深度超过 10mm 的孔及间隙，其直径和间隙小于 6mm 或大于等于 12mm。可接触的活动部件间的间隙小于 5mm 或大于等于 12mm。

图 8-4
图 8-4
儿童家具中存在的孔及间隙

小于 5mm，孩子的手就放不进去，不会担心被卡；大于 12mm，孩子的肢体部位就能灵活出入，也不用担心被卡伤。

（3）封闭家具

儿童因"躲猫猫"长久藏匿于家具中，造成窒息死亡的事件屡见不鲜，其中很大原因是家具通风性太差。对此，当封闭式柜体的连续空间大于 0.03m³、内部尺寸均大于或等于 150mm 时，儿童家具应设一个单个开口（面积为 650mm²）且相距至少 150mm 的两个不受阻碍的通风开口，或等效面积的通风开口。

即便将家具放置在地板上任意位置，且靠在房间角落的两个相交 90°角的垂直面时，通风口也应保持不受阻碍。

（4）玻璃的使用

玻璃是很多家具中常用的材料，因其透明性、环保性很受人们喜爱。但儿童家具应尽量避免使用玻璃材料，特别是在离地面高度或儿童站立面高度 1600mm 以下的地方不能使用，以免玻璃破碎划伤儿童。可以用亚克力等塑料透明材料代替玻璃。

（5）家具的稳定性

对于开放性的书架，其隔板在孩子眼中宛如一个梯子，他们会踩着隔板一步一步向上爬，由于重力的作用，极有可能造成柜体倾翻。国标中规定所有高桌台及高度大于 600mm 的柜类产品，应固定于建筑物上，如图 8-5 所示。

（6）警示标识

国标对儿童家具的警示标识，如字体、用语等做了详细要求。在产品有折叠或调整装置处，应标识"警告！小心夹伤"的警示语。对有升降气动杆的转椅，应标识"危险，请勿频繁升降玩耍"的警示语。警示语"危险""警告""注意"等安全警示字体不得小于四号黑色字体，警示内容不得小于五号黑色字体。

（7）其他

1）抽屉、键盘托等推拉件都需安装防拉脱装置，以免孩子意外拉脱造成伤害。

图 8-5
儿童书架

2）除转椅外，安装有脚轮的产品还需至少设有两个脚轮能被锁定，或至少有两个非脚轮支撑脚，以免孩子在滑动过程中受伤。

3）管状部件外露口端应封闭。

4）产品中绳带、彩带或绑紧用的绳索，在（25±1）N 拉力下，自由端至固定端的长度不应大于 220mm。

2. 儿童空间环境设计

儿童室内外空间环境设计应遵循无障碍化原则，在保证安全性的基础上，实现舒适性与娱乐性。本书列举了部分儿童室内外空间设计要点，主要包括楼梯及栏杆扶手、活动场地和游戏设施。

（1）楼梯及栏杆扶手

1）托儿所、幼儿园建筑，楼梯除设成人扶手外，还应在一侧设置儿童扶手，其高度不应大于 600mm，如图 8-6 所示。当楼梯井净宽度大于 200mm 时，需采取安全措施。

2）托儿所、幼儿园建筑，楼梯踏步的高度不应大于 150mm，宽度不应小于 260mm，如图 8-7 所示。

视频 18
儿童无障碍环境设计
——儿童家具设计

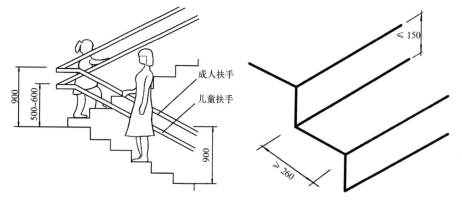

成人扶手
儿童扶手

图 8-6（左）
儿童与成人扶手高度示意（单位：mm）
图 8-7（右）
楼梯踏步高度与宽度（单位：mm）

3）托儿所、幼儿园建筑，在严寒地区的室外楼梯应设有防滑措施。

4）托儿所、幼儿园建筑，阳台、屋顶平台的护栏高度不应小于 1300mm，内侧不应有支撑，如图 8-8 所示。

5）中小学建筑，室内楼梯栏杆的高度不应小于 900mm；室外楼梯及水平栏杆的高度不应小于 1100mm。楼梯不应有易于攀登的造型。

6）中小学建筑，地面高差不足两级踏步时，需设置坡道。

7）室内外公共场所、住宅中的儿童活动区域，栏杆采用垂直杆件时，其杆件净距离不应大于 110mm，如图 8-8 所示。

（2）活动场地

儿童活动场地周围不宜种植遮挡视线、有毒、有刺的植被，要保持较好的可通视性。游乐场使用坡度一般为 0.3%～2.5%。

（3）游戏设施

1）室内外的各种使用设施、游戏器械和设备应结构坚固、耐用，并避免

图 8-8
阳台、屋顶平台的护栏高度（单位：mm）

构造上的棱角；

2）尺度应与儿童的人体尺度相适应；

3）造型、色彩应符合儿童的心理特点；

4）戏水池最深处的水深不得超过 350mm，池壁装饰材料应平整、光滑且不易脱落，池底应有防滑措施；

5）儿童游戏场内应设置坐凳及避雨、庇荫等休憩设施。

■ 任务实施

1．任务内容：儿童家具设计。

2．任务要求：

（1）设计内容不限。

（2）设计风格不限，需要自行拟定限制条件，如使用者年龄阶段、身体条件、需要解决的问题等。

（3）所设计人体尺寸应参照相关数据内容。注意儿童无障碍环境设计相关要点。

（4）在满足功能设计的基础上要兼顾造型设计。

（5）提交文件要求（以下文件 A3 图纸制作并装订封皮）：

1）设计说明；

2）设计草图；

3）设计图（三视图、轴测图）；

4）效果图（不少于两个角度）。

任务8.2　老年人无障碍环境设计

■ 任务引入

由于年龄的增长，人体机能处于下降的态势，很多年轻人看起来很容易办到的事情，对于老年人却没那么简单。关爱老年人的生活、关注他们在生活中碰到的问题，并通过科学、合理、先进的技术予以解决，是设计者们义不容辞的责任。

本节我们的任务是展开老年人无障碍环境设计的学习，通过老年人人体尺寸、生理特点及环境设计要点等进行分析，最终完成一项老年人无障碍设计作品。

■ 知识链接

8.2.1　老年人人体尺寸

英国研究人员调查显示，英国老年女性的立姿身高较一般成年女性小 60mm；其立姿肘高较一般成年女性小 3mm；坐姿，眼至坐面高度较一般成年女性小 4mm；坐姿，肘至坐面高度较一般成年女性小 1mm，见表 8-7。

英国老年女性人体测量（单位：mm）　　　表 8-7

测量项目	平均高度	第2.5百分位	第97.5百分位
立姿眼高	1450	1570	1330
立姿肘高	970	1050	880
坐面高度	410	460	370
坐姿，眼至坐面高度	690	750	610
坐姿，肩至坐面高度	540	600	480
坐姿，肘至坐面高度	210	270	150
坐姿，骶骨至膝部外侧	570	630	510
坐姿，骶骨至膝部内侧	470	530	410

美国研究人员调查显示，身材高大的男性年老时的身高将比他20岁时减少5%（即一个身高1.80m的年轻男性，到年老时身高很可能只有1.71m）；而女性年老时身高将比她成年时期减少6%。人年老后其软骨萎缩，造成身材变小，特别是脊椎部分尤为明显。

美国研究者对老年人人体尺寸给出了如下结果：

1. 手掌伸展量减少约16%～40%。

2. 手臂伸展量减少约50%。

3. 腿脚伸展量减少约50%。

4. 肺活量减少约35%。

5. 身体各部位的活动幅度都会随年龄的增长而减小。

6. 体重每10年会增加2kg。

8.2.2　老年人生理特点

老年人，按照身体健康状况可以分为三类：

1. 自理老人：生活行为完全自理，不依赖他人帮助的老年人。

2. 介助老人：生活行为依赖扶手、轮椅、升降设施等帮助的老年人。

3. 介护老人：生活行为依赖他人护理的老年人。

在生理特点方面老年人主要表现为以下几点：

1. 体格：身体机能走向老化，体能渐衰。

2. 自我意识：社会意识逐渐淡化。

3. 想象力：常思既往，重经验与传统，容易趋于保守。

4. 意志性格：意志性格趋于弱化，有回归童年现象。

5. 情绪情感：情绪情感内向深沉，心境平和，老于世故。

8.2.3　老年人无障碍环境设计要点

1. 老年人家具设计

（1）椅子

三面有依靠的椅子会让人在心理上产生安全感、舒适感，同时扶手的存

图 8-9 (左)
容易起身的椅子
图 8-10 (右)
容易起身的沙发

在可以方便老年人起坐时抓握。如图 8-9 所示，扶手前端弧形抓手及双前腿的设计，将借力老年人起身。

（2）沙发

老年人不宜坐软沙发，起身入座都将非常困难。如图 8-10 所示，扶助功能椅，可翘、可躺、自助伸展，扶助升高，老年人可轻松自如地站立和坐躺。

（3）床

床垫不宜过硬或过软。对于久卧在床的老人，床垫与床板之间的角度应可自由调节。在床上多放置一些大大小小软硬程度不一的靠枕对老年人调节姿势非常有帮助。床高不超过人体坐姿腿弯的高度尺寸（即坐姿小腿+足高尺寸）。

医用用床可以考虑能够调节高度的床，床边最好有扶手等设备。如图 8-11 所示，为病床所占面积，病床宽度一般在 990mm 左右，需要考虑轮椅使用者通行、陪护和探病人员活动空间尺寸。

（4）桌子

工作面高度以肘高为宜，以方便键盘操作，但写字台可略高于肘部。

视频 19
老年人无障碍环境设计
要点——家具设计

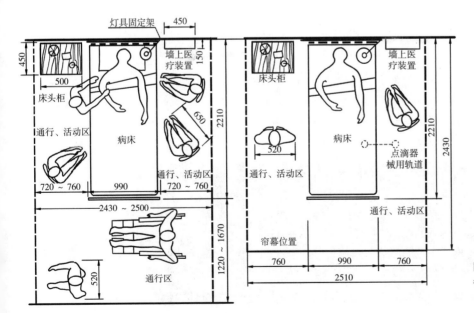

图 8-11
每病床所占面积
（单位：mm）

如图 8-12 所示，家具与拐杖的结合。家具可以是小型电脑桌、边桌或是一个小柜子，这样的结合新颖、独特，辅助老年人行走的同时也能有一件与之跟随的家具同行。

2.老年人空间环境设计

（1）场地设施

应为老年人提供健身和娱乐的活动场地，场地位置应采光、通风良好，并应防止烈日暴晒和寒风侵袭。场地内应设置健身器材、座椅、阅报栏等设施，布局宜动静分区。活动场地不宜有坡度，有坡度时坡度不应大于 2.5%。场地之间的坡度大于 2.5% 时，应局部设置台阶，同时应设置轮椅坡道及扶手。集中活动场地附近应设置公共无障碍厕所。步行道路、活动场地、台阶等应设置照明设施。

（2）室外台阶

应同时设置轮椅坡道。台阶踏步不宜小于 2 步，踏步宽度不宜小于 320mm，踏步高度不宜大于 130mm；台阶的净宽不应小于 900mm。台阶起止位置宜设置明显标识。

（3）楼梯

老年人不宜使用螺旋楼梯或弧线楼梯。楼梯踏步踏面宽度不应小于 280mm，踏步踢面高度不应大于 160mm。同一楼梯梯段的踏步高度、宽度应一致，不应设置非矩形踏步或在休息平台区设置踏步。楼梯踏步前缘不宜突出。楼梯踏步应采用防滑材料。当踏步面层设置防滑、示警条时，防滑、示警条不宜突出踏面，如图 8-13 所示。

（4）扶手

扶手高度应为 850 ～ 900mm，设置双层扶手时，下层扶手高度宜为650 ～ 700mm。扶手直径宜为 40mm，到墙面净距宜为 40mm。楼梯及坡道扶手端部宜水平延伸不小于 300mm，末端宜向内拐到墙面，或向下延伸不小于100mm。扶手宜保持连贯，扶手的材质宜选用防滑、热惰性指标好的材料。

（5）卧室、起居室

卧室的使用面积：双人卧室不应小于 $12m^2$；单人卧室不应小于 $8m^2$；兼起居的卧室不应小于 $15m^2$。

起居室的使用面积不应小于 $10m^2$，起居室内布置家具的墙面直线长度宜大于 3000mm。

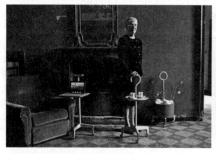

图 8-12（左）
家具与拐杖的结合
图 8-13（右）
楼梯防滑条

(6) 厨房

厨房的使用面积不应小于 4.5m²。适合坐姿操作的厨房操作台面高度不宜大于 750mm，台下空间净高不宜小于 650mm，且净深不宜小于 300mm。厨房操作案台长度不应小于 2100mm，电炊操作台长度不应小于 1200mm，操作台前通行净宽不应小于 900mm。

(7) 卫生间

老年人的卧室应与卫生间相邻。供老年人使用的卫生间应至少配置坐便器、洗浴器、洗手盆三件卫生洁具。三件卫生洁具集中配置的卫生间使用面积不应小于 3.0m²，并应满足轮椅使用。其中，坐便器高度不应低于 400mm；浴盆外缘高度不宜高于 450mm，其一端应设可以坐的平台。浴盆和坐便器旁应安装扶手，淋浴位置应至少在一侧墙面安装扶手，并设置坐姿淋浴的装置，如图 8-14 所示。设置适合坐姿使用的洗面台，台下空间净高不宜小于 650mm，且净深不宜小于 300mm。如图 8-15 所示，适合老年人和残障者的坐式淋浴器。

(8) 过道、储藏空间

过道的净宽不应小于 1000mm。过道的必要位置宜设置连续单层扶手，扶手的安装高度宜为 850mm，如图 8-16 所示。

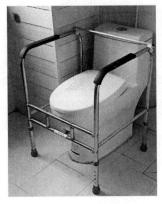

图 8-14（左）
坐便使用辅助装置
图 8-15（中）
坐式淋浴器
图 8-16（右）
过道设置单层扶手

(9) 阳台、露台

阳台栏板或栏杆净高不应小于 1100mm。阳台应满足老年人使用轮椅通行的需求，阳台与室内地面的高差不应大于 15mm，并应以斜坡过渡，如图 8-17 所示。

■ **任务实施**

1. **任务内容**：老年人无障碍家具设计。

2. **任务要求**：

(1) 设计内容不限。

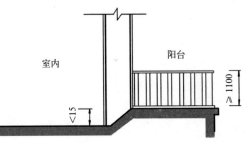

图 8-17
阳台与室内地面高差
（单位：mm）

（2）设计风格不限，需要自行拟定限制条件，如使用者身体条件、需要解决的问题等。

（3）所涉及人体尺寸应参照相关数据内容。注意老年人无障碍环境设计相关要点。

（4）在满足功能设计的基础上要兼顾造型设计。

（5）提交文件要求（以下文件需要 A3 制作并装订封皮）：

1）设计说明；

2）设计草图；

3）设计图（三视图、轴测图）；

4）效果图（不少于两个角度）。

任务8.3　残障者无障碍环境设计

■　任务引入

残障者虽然身体上不健全，但他们也有追求美好生活的诉求。无障碍的空间环境，将帮助残障者趋于正常的生活、工作。

本节我们将展开残障者无障碍环境设计的学习，通过对残障者行动特点的分析，残障者人体尺度、设计要点和无障碍标识的学习，完成一项无障碍室内外空间环境设计。

■　知识链接

无障碍环境设计是城市现代化、文明化发展的标志，它可以提高人们的社会生活质量，确保有需求的人能够安全、方便地使用各种设施，特别是残障者。由于残障者身体情况的特殊性，在环境设计上要有针对性地考虑残障者的行为特点和相关设计要点。

8.3.1　残障者行动特点

1. 下肢残疾者的行动特点

（1）水平推力小，行动缓慢，不适应常规的运动。在高度落差比较大的环境中，行动将造成不便。

（2）使用拐杖行走者，手部被占用，拿取东西将不便。

（3）拄双杖者的步幅可达到 950mm。

（4）轮椅占用空间较大，对通行路径宽度、转弯半径有明确要求。

（5）轮椅使用者在使用很多常规设施时，表现出使用困难，甚至无法使用，力不从心。

2. 上肢残疾者的行动特点

（1）臂的活动范围较正常人较小。

（2）手臂耐力较差，对于完成某些上肢动作较为困难。

(3) 难以完成双手臂共同合作的动作。

3. 视力残疾者的行动特点

(1) 视力残疾者不能或较困难通过视觉了解环境情况，需要借助其他感官功能采集信息、辨认物体。

(2) 视力残疾者可通过盲杖、导盲犬等辅助行走、辨别方向、躲避障碍物。因此，步伐较慢、生疏环境易出现危险。

4. 听力及语言障碍者的特点

(1) 身体行动基本不受限制。

(2) 信息交流需借助增声设备，或依赖视觉信号、振动信号等。

8.3.2 残障者人体尺度

1. 健全者与残障者的人体尺度比较

与健全者人体活动尺度不同的残障者主要有轮椅使用者、拄杖者和持盲杖者，其余残障者（如聋哑人等）与健全者人体尺度一致。表8-8为人体尺度比较列表，其中残障者身高、眼高较健全者要略低，而旋转所需要的空间要略大。

如图8-18所示为健全者、轮椅使用者、拄拐者行走的空间尺度。

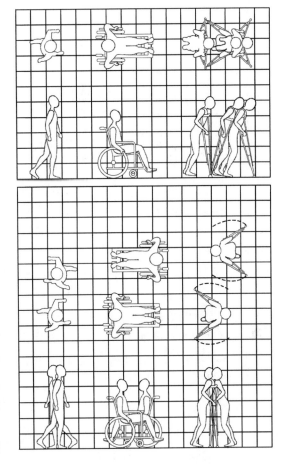

图 8-18
健全者、轮椅使用者、拄拐者行走的空间尺度

健全者与残障者的人体尺寸比较（单位：mm） 表 8-8

类别	健全者	轮椅使用者	拄双杖者	持盲杖者
身高	1700	1200	1600	—
正面宽	450	650 ~ 700	900 ~ 1200	600 ~ 1000
侧面宽	300	1100 ~ 1200	600 ~ 700	700 ~ 900
眼高	1600	1100	1500	—
平移速度 (m/s)	1	1.5 ~ 2	0.7 ~ 1	0.7 ~ 1
旋转	Ø600	Ø1500	Ø1200	Ø1500
竖向高差	150 ~ 200	20 以下	100 ~ 150	150 ~ 200

2. 轮椅设施的空间尺度

(1) 轮椅的常规尺寸，如图8-19、图8-20所示。

(2) 轮椅转动所需的空间尺寸，如图8-21所示。轮椅旋转的最小直径为1500mm（图8-21a）；旋转90°所需的最小面积为1350mm×1350mm（图8-21b）；以两轮中央为中心直角转弯时所需最小弯道面积为1400mm×1700mm（图8-21c）；以一个轮为中心旋转180°所需最小面积为1900mm×1800mm（图8-21d）；以两

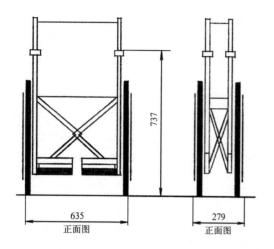

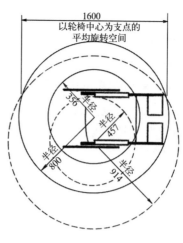

图 8-19（左）
轮椅的常规尺寸
（单位：mm）
图 8-20（右）
轮椅的旋转半径
（单位：mm）

轮中央为中心旋转 180° 所需最小面积为 1700mm×1700mm（图 8-21e）；以一个轮为中心旋转 360° 所需最小面积为 2100mm×2100mm（图 8-21f）。

3. 轮椅使用者的人体尺度和功能尺寸

（1）轮椅使用者的人体尺度

轮椅使用者的日常生活主要在轮椅上完成，因此基本活动空间应考虑轮椅使用时所需空间范围，除此外还要兼顾乘坐者的身高、手臂和脚所占用的空间等，如图 8-22 所示。

图 8-21
轮椅转动所需的空间尺寸（单位：mm）

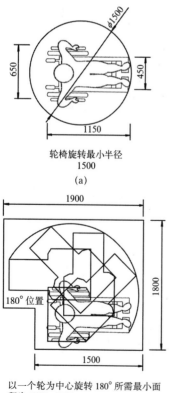

轮椅旋转最小半径
1500

（a）

轮椅旋转 90° 所需最小面积为
1350×1350

（b）

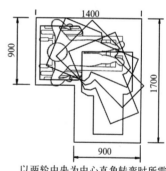

以两轮中央为中心直角转弯时所需
最小弯道面积 1400×1700

（c）

轮椅旋转 90° 所需最小面积为 1350×1350

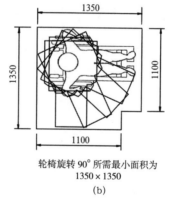

以一个轮为中心旋转 180° 所需最小面
积为 1900×1800

（d）

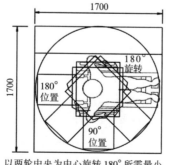

以两轮中央为中心旋转 180° 所需最小
面积为 1700×1700

（e）

以一个轮为中心旋转 360° 所需最小面积
为 2100×2100

（f）

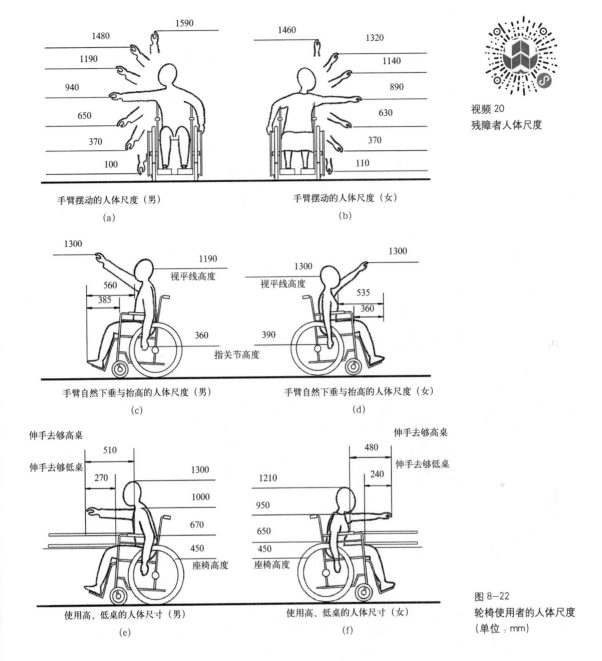

视频 20
残障者人体尺度

手臂摆动的人体尺度（男）
(a)

手臂摆动的人体尺度（女）
(b)

手臂自然下垂与抬高的人体尺度（男）
(c)

手臂自然下垂与抬高的人体尺度（女）
(d)

使用高、低桌的人体尺寸（男）
(e)

使用高、低桌的人体尺寸（女）
(f)

图 8-22
轮椅使用者的人体尺度
（单位：mm）

（2）轮椅使用者家具功能尺寸

轮椅座面高度是指人坐在轮椅上，座垫压实后座位基准点高度（坐骨关节点），个人使用时可定制。坐便、浴缸边沿、床等与轮椅转移相关的家具高度，应根据轮椅座面高度决定，如图 8-23 所示。

桌子的高度与轮椅座面高应相差 270 ～ 300mm，桌子下面应不设障碍物以免磕碰膝盖，确保有足够的腿部空间，如图 8-24 所示。衣柜的进深至少为600mm，高于轮椅坐面 800mm 处可设隔板，以正面靠近为主时，应设交叉推拉门，如图 8-25 所示。

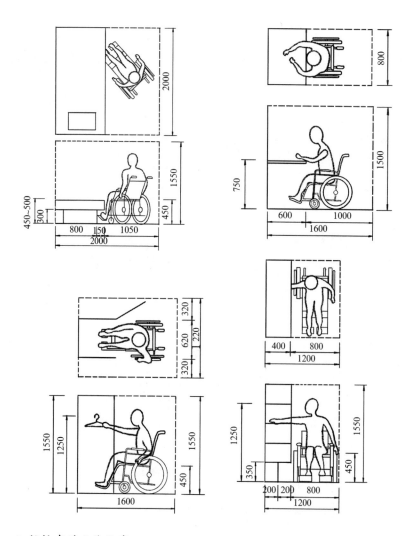

图 8-23（左）
床的功能尺寸
（单位：mm）

图 8-24（右）
桌子的功能尺寸
（单位：mm）

图 8-25
衣柜的功能尺寸
（单位：mm）

4. 拄杖者的人体尺度

根据助行器类型的不同所需尺度也略有不同，如图 8-26 所示。

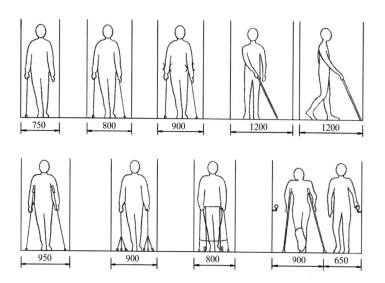

图 8-26
拄杖者的人体尺度
（单位：mm）

8.3.3 残障者无障碍环境设计要点

1. 下肢残障者无障碍环境设计要点

（1）缘石坡道

为了便于残障者通过路口，顺利地进入人行道，应在人行道口或人行道两端，设置缘石坡道。在设计时，缘石坡道的坡面应平整、防滑；坡口与车行道之间宜没有高差，当存在高差时应不大于10mm。

缘石坡道常见的形式有全宽式单面坡缘石坡道、三面坡缘石坡道和其他形式。如图8-27所示，全宽式单面坡缘石坡道的坡度不应大于1：20，宽度应与人行道宽度相同；三面坡缘石坡道正面及侧面的坡度不应大于1：12，正面坡道宽度不应小于1200mm。其他形式的缘石坡道坡度均不应大于1：12，坡口宽度均不应小于1500mm。

（2）轮椅坡道

轮椅坡道为轮椅使用者通过有高差的建筑物设置的一种坡道，常见的有直角形、直线形和折返形，如图8-28所示。因为需要通过轮椅，因此其净宽度不应小于1200mm。坡道的起点、终点、休息平台的水平长度不应小于1500mm，如图8-29所示。

轮椅坡道的高度超过300mm且坡度大于1：20时，应在坡道两侧设置扶手，并且与休息平台的扶手应保持连贯。扶手下为镂空栏杆时，栏杆根部应设高度不小于50mm的安全挡台，如图8-30所示。表8-9为轮椅坡道的最大高度、水平长度及相应坡度对照表。

图8-27（左）
缘石坡道的一般类型
（单位：mm）
(a) 全宽式单面坡缘石坡道；
(b) 转角全宽式单面坡缘石坡道；
(c) 三面坡缘石坡道；
(d) 单面坡坡缘石坡道；
(e) 平行式缘石坡道；
(f) 转角处三面坡缘石坡道
图8-28（右）
轮椅坡道（单位：mm）
(a) 直角类型；
(b) 直线类型；
(c) 折返类型

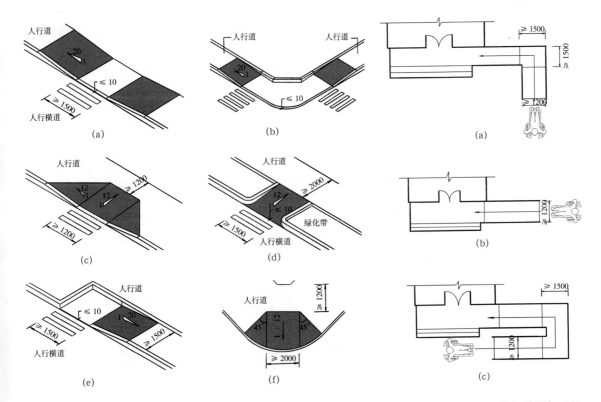

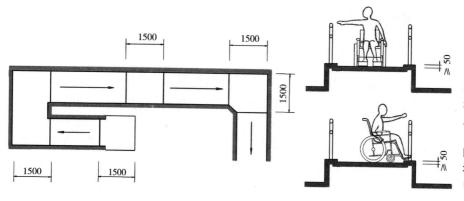

图 8-29（左）
坡道起点、终点和休息平台水平长度
（单位：mm）

图 8-30（右）
坡道安全挡台
（单位：mm）

轮椅坡道的最大高度、水平长度及相应坡度（单位：mm）　　　　表 8-9

坡度	1：20	1：16	1：12	1：10	1：8
最大高度	1200	900	750	600	300
水平长度	24000	14400	9000	6000	2400

（3）无障碍电梯、升降平台

1）无障碍电梯候梯厅

通常候梯厅深度不宜小于 1500mm，对于医院等场所需要承载病床的候梯厅深度要略大一些，一般为 2100mm。为了便于不同身高使用者及轮椅使用者触碰电梯呼叫按钮，其按钮高度为 900～1100mm。电梯门洞净宽度需便于轮椅使用、货物搬运等，应不小于 900mm，并且需要在出入口的地面设置盲道，以提示盲人电梯位置，也可通过语音进行提醒，如图 8-31 所示。

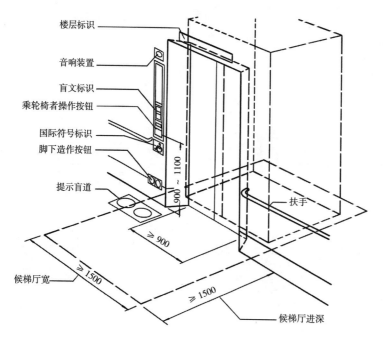

图 8-31
电梯候梯厅
（单位：mm）

2）无障碍电梯轿厢

轿厢门开启的净宽度不应小于 800mm，轿厢尺寸需根据电梯类型而定，如图 8-32、表 8-10 所示。轿厢的侧壁应设置高度在 900～1100mm 带盲文的楼层选择按键，同时需要有楼层运行显示屏和报层音响，以提示乘梯人当前楼层位置，如图 8-33。由于轿厢面积较小，可通过镜面材料扩充空间视野。

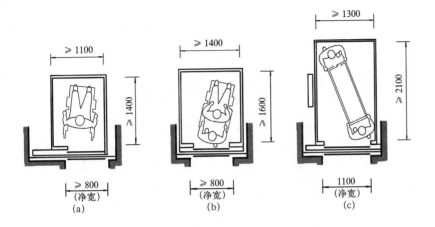

图 8-32
无障碍电梯轿厢类型
（单位：mm）
(a) 小型电梯；
(b) 中型电梯；
(c) 单架电梯

无障碍电梯类型与规格（单位：mm）　　　　表 8-10

电梯类别	轿厢尺寸		轿厢门		备注
	深	宽	净宽	净高	
小型电梯	≥ 1400	≥ 1100	≥ 800	2100	轮椅正进侧出
中型电梯	≥ 1600	≥ 1400	≥ 800	2100	轮椅正进旋转侧出
	≥ 1500	≥ 1600	1100	2100	
医疗电梯	≥ 2300	≥ 1200	1100	2100	病床与担架
高层住宅	≥ 2100	≥ 1300	1100	2100	仅担架

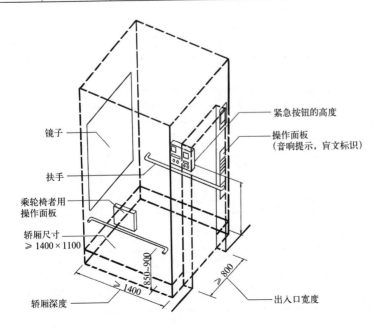

图 8-33
电梯轿厢无障碍设施
（单位：mm）

3）升降平台

垂直升降平台的深度不应小于1200mm，宽度不应小于900mm，应设扶手、挡板及呼叫控制按钮（图8-34）；斜向升降平台宽度不应小于900mm，深度不应小于1000mm，应设扶手和挡板（图8-35）。目前升降平台在很多地铁站等公共场所得到了应用。

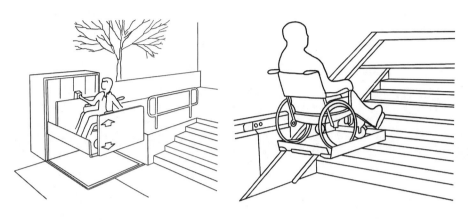

图8-34（左）
垂直升降平台
图8-35（右）
斜向升降平台

（4）无障碍通道

无障碍通道设计地面应平整、防滑、反光小或无反光。无障碍通道如出现高差，应设置轮椅坡道。室内通道宽度不应小于1200mm，人流较大的公共场所宽度不宜小于1800mm；室外通道宽度不宜小于1800mm；检票口、结算口的轮椅通道不应小于900mm，如图8-36所示。

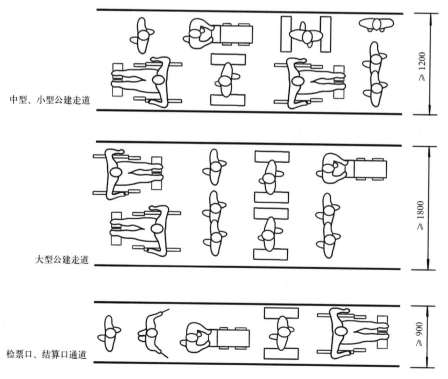

中型、小型公建走道

大型公建走道

检票口、结算口通道

图8-36
无障碍通道
（单位：mm）

(5) 无障碍门

平开门、推拉门、折叠门和小力度弹簧门开启后通行净宽度不应小于800mm，自动门开启后通行宽度不应小于1000mm，无障碍旋转门通行净宽度不应小于1800mm，如图8-37所示。平开门、推拉门和折叠门把手宜设在距地面900mm处，并且把手一侧的墙面宽度应不小于500mm，如图8-38所示。门扇内外应留有直径不小于1500mm的轮椅回转空间，如图8-39所示。

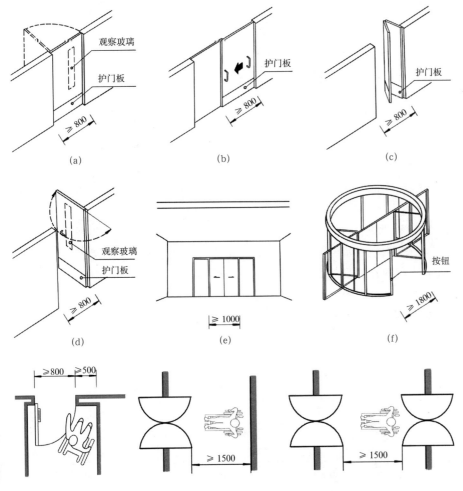

图 8-37
门的类型与开启后通行净宽度（单位：mm）
(a) 平开门；
(b) 推拉门；
(c) 折叠门；
(d) 小力度弹簧门；
(e) 自动门；
(f) 无障碍旋转门

图 8-38（左）
门把手一侧墙面宽度
（单位：mm）
图 8-39（右）
门扇预留轮椅回转空间
（单位：mm）

(6) 扶手

无障碍单层扶手的高度宜为850～900mm；双层扶手上层高度为850～900mm，下层高度为650～700mm。双层扶手便于不同身高使用者使用。在扶手设计时为了安全需要应保持连贯，并且靠墙面扶手的起点和终点处应水平延伸不小于300mm，便于第一节踏步和最后一节踏步的动作连贯性，如图8-40所示。

扶手内侧与墙面的距离不小于40mm，其截面形状应易于抓握，常见的有圆形、矩形等。圆形扶手的直径应为35～50mm，矩形扶手的截面尺寸应为35～50mm，如图8-41所示。

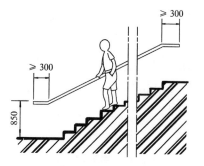
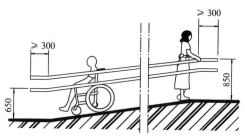

图 8-40
扶手高度及起点、终点处水平延伸尺寸
（单位：mm）

（7）无障碍公共厕所

无障碍公共厕所的入口和通道在设计时要满足轮椅者的进入和回转，其回转直径不应小于1500mm。并且厕所门应便于开启，通道净宽度不小于800mm，对无障碍厕位需有无障碍标识，便于使用者快速辨认。公共厕所均应设置至少1个无障碍厕位、1个无障碍洗手盆，男厕所还应设置一个无障碍小便池，如图8-42所示。

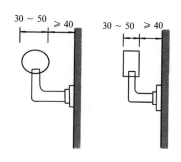

图 8-41
扶手截面造型与尺寸
（单位：mm）

1）无障碍厕位

应考虑轮椅使用者的进出，尺寸不应小于1800mm×1000mm，如图8-43所示。厕位门宜向外开启，如向内开启，需要在门开启后厕位内部留有直径不小于1500mm的轮椅回转空间，并且门的净宽应不小于800mm，门外应有紧急开启的插销。厕位内应置坐便器，坐便器两侧距地面700mm处设长度不小于700mm的水平安全抓杆，另一侧应设高1400mm的垂直安全抓杆，如图8-44所示。

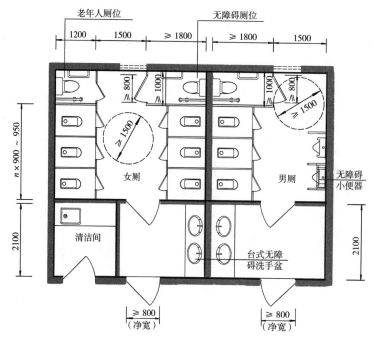

图 8-42
无障碍公共厕所平面图
（单位：mm）

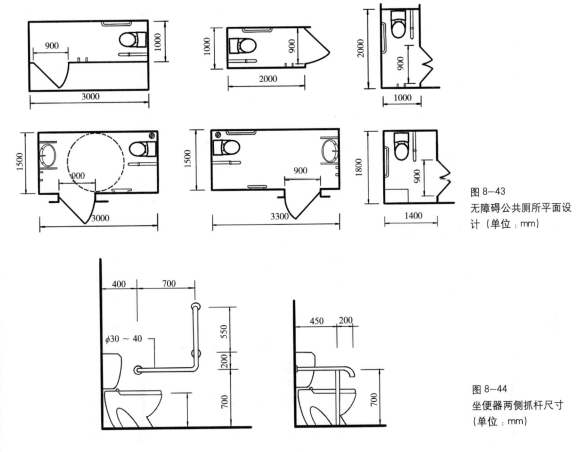

图 8-43
无障碍公共厕所平面设计（单位：mm）

图 8-44
坐便器两侧抓杆尺寸（单位：mm）

2）无障碍小便器

无障碍小便器下口距地面高度不应大于400mm，小便器两侧应在离墙面250mm处设高度为1200mm的垂直安全抓杆，并在离墙面550mm处设高度为900mm水平安全抓杆，与垂直安全抓杆连接，如图8-45所示。

（8）居室空间无障碍设计

1）卧室、起居室

卧室、起居室中的活动空间应便于轮椅者通行，不建议房间格局过于复杂，应有明确的行走路线、不小于800mm的通行空间以及轮椅回转空间等，如

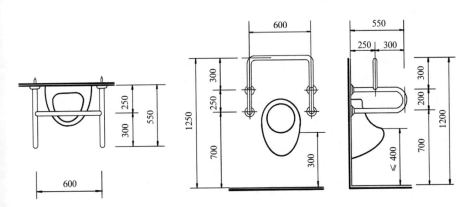

图 8-45
悬臂式小便器安全抓杆（单位：mm）

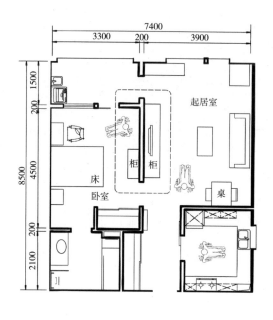

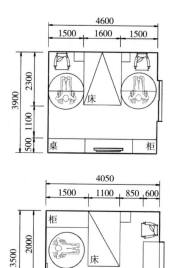

图 8-46
无障碍住房平面图
(单位：mm)

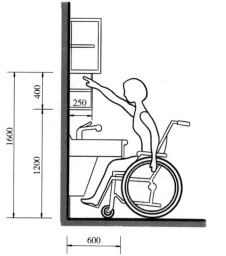

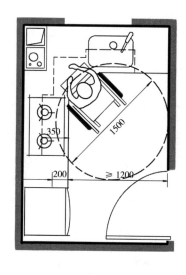

图 8-47
便于轮椅者使用的厨
房设计（单位：mm）

图 8-46 所示。卧室中床的设计应考虑下肢残疾者，在上下床时应有辅助用力的抓杆和轮椅停靠及拐杖放置区域。

2）厨房

厨房要便于轮椅使用者通行和操作，宜设计成开敞式或通过式。操作台高度宜为 750 ~ 800mm，深度为 500 ~ 600mm，下方预留腿部存放空间。厨房活动空间应具备轮椅回转所需的空间尺度，即直径不小于 1500mm，如图 8-47 所示。

3）卫生间

居室中的卫生间无障碍设计可参考无障碍公共厕所的相关尺寸数据。但需要注意，在居室中往往要将手盆、坐便器、淋浴器等设置在同一空间中，每个洁具应结合使用者自身的实际情况增减辅助抓杆等设施，如图 8-48、图 8-49 所示。

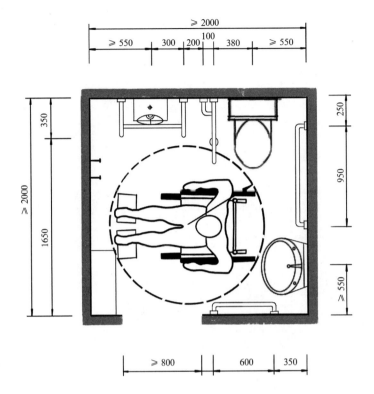

图 8—48
无障碍卫生间平面图
(单位：mm)

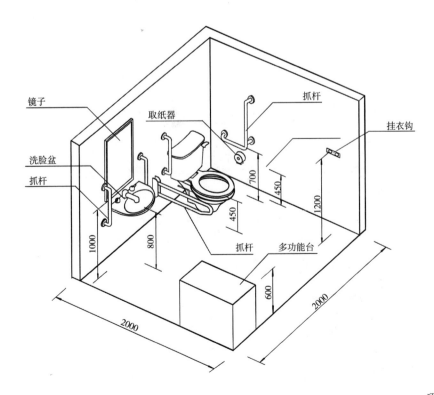

图 8—49
无障碍卫生间示意
(单位：mm)

2. 视力残障者无障碍环境设计要点

盲道

盲道是在人行道或其他场所铺设的一种固定形态的地面砖，使视觉障碍者产生盲杖触觉及脚感，引导视觉障碍者向前行走和辨别方向以到达目的地的通道。

盲道的设计要求如下：

1）盲道按使用功能可分为行进盲道和提示盲道，如图8-50所示。具体设计要求见表8-11。

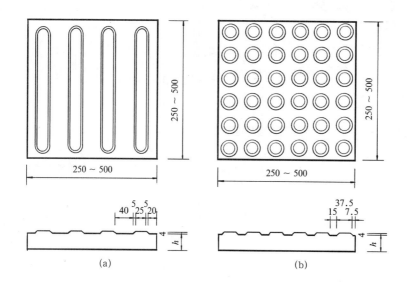

图8-50
行进盲道与提示盲道
（单位：mm）
(a) 行进盲道；
(b) 提示盲道

行进盲道与提示盲道设计要求　　　　　　表8-11

类型	设计要求
行进盲道	1. 行进盲道应与人行道的走向一致； 2. 行进盲道的宽度宜为250～500mm； 3. 行进盲道宜在距围墙、花台、绿化带250～500mm处设置； 4. 行进盲道宜在距树池边缘250～500mm处设置，如图8-51所示； 图8-51　人行道沿树池的行进盲道（单位：mm） 5. 行进盲道与路缘石上沿在同一水平面时，距路缘石不应小于500mm； 6. 行进盲道比路缘石上沿低时，距路缘石不应小于250mm；盲道应避开非机动车停放的位置

类型	设计要求
提示盲道	1. 行进盲道在起点、终点、转弯处及其他有需要处应设提示盲道,如图 8-52 所示; 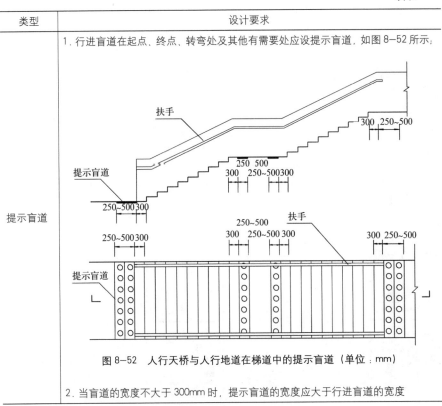 图 8-52　人行天桥与人行地道在梯道中的提示盲道(单位:mm) 2. 当盲道的宽度不大于 300mm 时,提示盲道的宽度应大于行进盲道的宽度

2)盲道的纹路应凸出路面 4mm。

3)盲道铺设应连续,并避开树木(穴)、电线杆、拉线等障碍物,其他设施不得占用盲道,如图 8-53 所示。

4)盲道的颜色宜与相邻的人行道铺面的颜色形成对比,并与周围景观相协调,宜采用中黄色。

5)盲道型材表面应防滑。

图 8-53
盲道上不应设置障碍

8.3.4　无障碍标识

见表 8-12,为常用无障碍标识。

表8-12

标识名称	标识图例	标识名称	标识图例
无障碍标识		无障碍通道	
无障碍坡道		无障碍电梯	
无障碍客房		无障碍停车位	
无障碍卫生间		无障碍电话	
听觉障碍者使用的设施		肢体障碍者使用的设施	
供导盲犬使用的设施		视觉障碍者使用的设施	
带有扩音装置的电话		有手语翻译	
听力障碍者文字电话		听力障碍者电话	

■ **任务实施**

1.任务内容：如图8-54所示，为总平面图及室内原始平面图，完成残障者室内外空间环境设计。

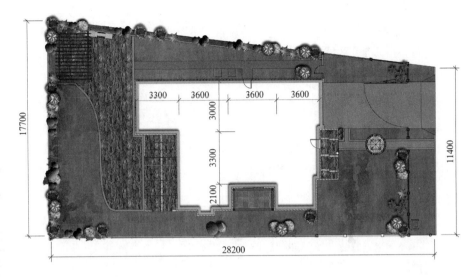

图 8-54 总平面图
（单位：mm）

2.任务要求：

（1）拟定设计对象，并展开设计调研。

（2）根据平面图拟定设计方案。

（3）完成设计方案。

（4）所有提交文件均用 A3 图纸完成。设计工程图及效果图可采用手绘或计算机绘图。

3.所需文件内容：

（1）封皮；

（2）设计调研报告；

（3）设计说明；

（4）设计方案草图；

（5）设计工程图（包括室内外平面布置图、主要空间立面图、局部详图、效果图等）。

附录 《环境设计与人体工程学》图片资料来源

图片编号	资料来源	图片编号	资料来源
图 1-1	来源于网络	图 2-23	来源于网络
图 1-2	来源于网络	图 2-24	作者自绘
图 1-3	来源于网络	图 2-25	作者根据《室内人体工程学》张月编著 中国建筑工业出版社 自绘
图 2-1	来源于网络	图 2-26	作者根据《室内人体工程学》张月编著 中国建筑工业出版社 自绘
图 2-2	来源于网络	图 2-27	作者根据《室内人体工程学》张月编著 中国建筑工业出版社 自绘
图 2-3	作者根据《室内人体工程学》张月编著 中国建筑工业出版社 自绘	图 2-28	作者根据《室内人体工程学》张月编著 中国建筑工业出版社 自绘
图 2-4	作者自绘	图 2-29	作者自绘
图 2-5	作者自绘	图 2-30	作者自绘
图 2-6	作者根据《人体工程学与室内设计》刘盛璜 编著 中国建筑工业出版社 自绘	图 2-31	作者自绘
图 2-7	作者自绘	图 2-32	作者自绘
图 2-8	作者自绘	图 2-33	作者自绘
图 2-9	作者自绘	图 2-34	作者自绘
图 2-10	作者自绘	图 2-35	作者自绘
图 2-11	作者根据《室内人体工程学》张月编著 中国建筑工业出版社 自绘	图 2-36	作者自绘
图 2-12	作者自绘	图 2-37	作者自绘
图 2-13	作者自绘	图 2-38	作者自绘
图 2-14	作者自绘	图 2-39	作者自绘
图 2-15	作者自绘	图 2-40	作者自绘
图 2-16	作者根据《室内人体工程学》张月编著 中国建筑工业出版社 自绘	图 2-41	作者自绘
图 2-17	作者根据《室内人体工程学》张月编著 中国建筑工业出版社 自绘	图 2-42	作者自绘
图 2-18	作者根据《室内人体工程学》张月编著 中国建筑工业出版社 自绘	图 2-43	作者自绘
图 2-19	作者根据《室内人体工程学》张月编著 中国建筑工业出版社 自绘	图 2-44	作者自绘
图 2-20	作者根据《室内与家具设计人体工程学》程瑞香 编著 自绘	图 2-45	作者自绘
图 2-21	作者根据《室内人体工程学》张月编著 中国建筑工业出版社 自绘	图 2-46	作者自绘
图 2-22	作者根据《室内人体工程学》张月编著 中国建筑工业出版社 自绘	图 2-47	作者自绘

图片编号	资料来源	图片编号	资料来源
图 2—48	作者自绘	图 3—19	作者根据《室内人体工程学》张月编著 中国建筑工业出版社 自绘
图 3—1	作者根据《室内人体工程学》张月著 中国建筑工业出版社 自绘	图 3—20	作者根据《室内人体工程学》张月编著 中国建筑工业出版社 自绘
图 3—2	作者根据《室内人体工程学》张月编著 中国建筑工业出版社 自绘	图 3—21	作者根据《室内设计资料集》张绮曼、郑曙旸主编 中国建筑工业出版社 自绘
图 3—3	作者根据《室内人体工程学》张月编著 中国建筑工业出版社 自绘	图 3—22	作者根据《室内设计资料集》张绮曼、郑曙旸主编 中国建筑工业出版社 自绘
图 3—4	作者根据《室内人体工程学》张月编著 中国建筑工业出版社 自绘	图 3—23	作者根据《室内设计资料集》张绮曼、郑曙旸主编 中国建筑工业出版社 自绘
图 3—5	作者根据《室内人体工程学》张月编著 中国建筑工业出版社 自绘	图 3—24	作者根据《室内设计资料集》张绮曼、郑曙旸主编 中国建筑工业出版社 自绘
图 3—6	作者根据《室内人体工程学》张月编著 中国建筑工业出版社 自绘	图 4—1	来源于网络
图 3—7	作者根据《室内人体工程学》张月编著 中国建筑工业出版社 自绘	图 4—2	来源于网络
图 3—8	作者根据《室内人体工程学》张月编著 中国建筑工业出版社 自绘	图 4—3	作者根据《室内人体工程学》张月编著 中国建筑工业出版社 自绘
图 3—9	作者根据《室内设计资料集》张绮曼、郑曙旸主编 中国建筑工业出版社 自绘	图 4—4	作者根据《室内人体工程学》张月编著 中国建筑工业出版社 自绘
图 3—10	作者根据《室内人体工程学》张月编著 中国建筑工业出版社 自绘	图 4—5	作者自绘
图 3—11	作者根据《室内设计资料集》张绮曼、郑曙旸主编 中国建筑工业出版社 自绘	图 4—6	作者自绘
图 3—12	作者自绘	图 4—7	作者自绘
图 3—13	作者自绘	图 4—8	来源于网络
图 3—14	作者根据《室内人体工程学》张月编著 中国建筑工业出版社 自绘	图 4—9	作者自绘
图 3—15	作者根据《室内人体工程学》张月编著 中国建筑工业出版社 自绘	图 4—10	作者根据《室内人体工程学》张月编著 中国建筑工业出版社 自绘
图 3—16	作者根据《室内与家具设计人体工程学》程瑞香 编著 自绘	图 4—11	作者自绘
图 3—17	作者根据《室内人体工程学》张月编著 中国建筑工业出版社 自绘	图 4—12	作者根据QB/T 1952.1—2012《软体家具沙发》自绘
图 3—18	作者根据《室内人体工程学》张月编著 中国建筑工业出版社 自绘	图 4—13	作者自绘

图片编号	资料来源	图片编号	资料来源
图 4-14	作者自绘	图 4-38	来源于网络
图 4-15	作者自绘	图 4-39	作者根据《室内人体工程学》张月编著 中国建筑工业出版社 自绘
图 4-16	作者根据 GB/T 3326—2016《家具 桌、椅、凳类主要尺寸》自绘	图 4-40	作者自绘
图 4-17	作者根据 GB/T 3326—2016《家具 桌、椅、凳类主要尺寸》自绘	图 4-41	来源于网络
图 4-18	作者自绘	图 4-42	作者自绘
图 4-19	作者根据《室内人体工程学》张月编著 中国建筑工业出版社 自绘	图 4-43	作者自绘
图 4-20	作者自绘	图 4-44	作者自绘
图 4-21	作者自绘	图 4-45	作者自绘
图 4-22	作者自绘	图 4-46	作者自绘
图 4-23	作者根据《室内与家具设计人体工程学》程瑞香 编著 自绘	图 4-47	作者根据《室内人体工程学》张月编著 中国建筑工业出版社 自绘
图 4-24	作者根据《室内人体工程学》张月编著 中国建筑工业出版社 自绘	图 4-48	作者根据《室内人体工程学》张月编著 中国建筑工业出版社 自绘
图 4-25	作者自绘	图 4-49	作者根据《室内与家具设计人体工程学》程瑞香 编著 自绘
图 4-26	作者根据《室内人体工程学》张月编著 中国建筑工业出版社 自绘	图 4-50	作者自绘
图 4-27	作者根据《室内与家具设计人体工程学》程瑞香 编著 自绘	图 4-51	作者自绘
图 4-28	作者自绘	图 4-52	作者根据 GB/T 3326—2016《家具桌、椅、凳类主要尺寸》
图 4-29	作者根据《室内与家具设计人体工程学》程瑞香 编著 自绘	图 4-53	作者自绘
图 4-30	作者根据《室内与家具设计人体工程学》程瑞香 编著 自绘	图 4-54	作者自绘
图 4-31	作者根据《室内与家具设计人体工程学》程瑞香 编著 自绘	图 4-55	作者根据《室内人体工程学》张月编著 中国建筑工业出版社 自绘
图 4-32	作者根据《室内人体工程学》张月编著 中国建筑工业出版社 自绘	图 4-56	来源于网络
图 4-33	作者自绘	图 4-57	作者根据《室内人体工程学》张月编著 中国建筑工业出版社 自绘
图 4-34	作者自绘	图 4-58	作者根据《室内与家具设计人体工程学》程瑞香 编著 自绘
图 4-35	作者根据《室内人体工程学》张月编著 中国建筑工业出版社 自绘	图 4-59	作者自绘
图 4-36	作者自绘	图 4-60	作者自绘
图 4-37	作者根据 GB/T 3328—2016《家具 床类主要尺寸》自绘	图 4-61	作者自绘

图片编号	资料来源	图片编号	资料来源
图 4-62	作者自绘	图 5-5	作者根据《人体工程学与室内设计》刘盛璜 编著 中国建筑工业出版社 自绘
图 4-63	作者自绘	图 5-6	作者自绘
图 4-64	作者自绘	图 5-7	作者自绘
图 4-65	作者自绘	图 5-8	作者自绘
图 4-66	作者自绘	图 5-9	作者自绘
图 4-67	来源于网络	图 5-10	作者自绘
图 4-68	作者根据《室内与家具设计人体工程学》程瑞香 编著 自绘	图 5-11	作者自绘
图 4-69	作者自绘	图 5-12	作者自绘
图 4-70	作者根据 GB/T 3326—2016《家具 桌、椅、凳类主要尺寸》自绘	图 5-13	作者自绘
图 4-71	作者自绘	图 5-14	作者自绘
图 4-72	作者自绘	图 5-15	作者自绘
图 4-73	作者自绘	图 5-16	作者自绘
图 4-74	作者自绘	图 5-17	来源于网络
图 4-75	来源于网络	图 5-18	作者自绘
图 4-76	作者自绘	图 5-19	作者自绘
图 4-77	作者自绘	图 5-20	作者自绘
图 4-78	作者自绘	图 5-21	作者自绘
图 4-79	作者根据《室内设计资料集》张绮曼、郑曙旸主编 中国建筑工业出版社 自绘	图 5-22	作者自绘
图 4-80	作者根据 GB/T 3326—2016《家具 桌、椅、凳类主要尺寸》自绘	图 5-23	作者自绘
图 4-81	作者自绘	图 5-24	作者自绘
图 4-82	作者自绘	图 5-25	作者自绘
图 4-83	作者根据 GB/T 3326—2016《家具 桌、椅、凳类主要尺寸》自绘	图 5-26	作者自绘
图 4-84	作者自绘	图 5-27	作者自绘
图 4-85	作者自绘	图 5-28	作者自绘
图 4-86	作者自绘	图 5-29	作者自绘
图 4-87	作者自绘	图 5-30	根据网络图片自绘
图 4-88	作者自绘	图 5-31	作者自绘
图 4-89	作者自绘	图 5-32	作者自绘
图 5-1	作者自绘	图 5-33	作者自绘
图 5-2	作者自绘	图 5-34	作者自绘
图 5-3	作者自绘	图 5-35	作者自绘
图 5-4	来源于网络	图 5-36	作者自绘

图片编号	资料来源	图片编号	资料来源
图 5-37	作者自绘	图 6-14	作者自绘
图 5-38	作者自绘	图 6-15	来源于网络
图 5-39	作者自绘	图 6-16	来源于网络
图 5-40	作者自绘	图 6-17	作者自绘
图 5-41	作者自绘	图 6-18	作者自绘
图 5-42	作者自绘	图 6-19	来源于网络
图 5-43	作者自绘	图 6-20	来源于网络
图 5-44	作者自绘	图 6-21	来源于网络
图 5-45	作者自绘	图 6-22	作者自行拍摄
图 5-46	作者自绘	图 6-23	来源于网络
图 5-47	作者根据网络图片自绘	图 6-24	作者自绘
图 5-48	作者根据网络自绘图片自绘	图 6-25	作者自绘
图 5-49	作者自绘	图 6-26	来源于网络
图 5-50	作者自绘	图 6-27	来源于网络
图 5-51	作者自绘	图 6-28	来源于网络
图 5-52	作者自绘	图 6-29	作者自绘
图 5-53	作者自绘	图 6-30	作者自绘
图 5-54	作者自绘	图 6-31	作者自绘
图 5-55	作者自绘	图 6-32	作者自绘
图 5-56	作者自绘	图 6-33	作者自绘
图 6-1	作者自绘	图 6-34	作者自绘
图 6-2	作者自绘	图 6-35	作者自绘
图 6-3	作者根据《人体工程学与室内设计》刘盛璜 编著 中国建筑作者工业出版社 自绘	图 6-36	作者自绘
图 6-4	来源于网络	图 6-37	作者自绘
图 6-5	来源于网络	图 6-38	作者自绘
图 6-6	来源于网络	图 6-39	作者自绘
图 6-7	作者自行拍摄	图 6-40	作者自绘
图 6-8	来源于网络	图 6-41	作者自绘
图 6-9	来源于网络	图 6-42	作者自行拍摄
图 6-10	作者自绘	图 6-43	作者自绘
图 6-11	来源于网络	图 6-44	作者自绘
图 6-12	作者自行拍摄	图 6-45	作者根据《室内设计资料集》张绮曼、郑曙旸主编 中国建筑工业出版社 自绘
图 6-13	作者自绘	图 6-46	作者根据《室内设计资料集》张绮曼、郑曙旸主编 中国建筑工业出版社 自绘

图片编号	资料来源	图片编号	资料来源
图 6-47	作者根据《室内设计资料集》张绮曼、郑曙旸主编 中国建筑工业出版社 自绘	图 7-24	作者自行拍摄、来源于网络
图 6-48	作者自绘	图 7-25	作者自绘
图 6-49	作者自绘	图 7-26	来源于网络
图 7-1	来源于网络	图 7-27	来源于网络
图 7-2	作者自绘	图 7-28	来源于网络
图 7-3	作者自绘	图 7-29	来源于网络
图 7-4	作者自行拍摄	图 7-30	作者根据 GB 19272—2011《室外健身器材的安全 通用要求》自绘
图 7-5	作者自绘	图 7-31	作者根据 GB 19272—2011《室外健身器材的安全 通用要求》自绘
图 7-6	作者根据网络图片自绘	图 7-32	作者根据 GB 19272—2011《室外健身器材的安全 通用要求》自绘
图 7-7	作者根据网络图片自绘	图 7-33	作者根据 GB 19272—2011《室外健身器材的安全 通用要求》自绘
图 7-8	来源于网络	图 7-34	作者根据 GB 19272—2011《室外健身器材的安全 通用要求》自绘
图 7-9	来源于网络	图 7-35	作者根据 GB 19272—2011《室外健身器材的安全 通用要求》自绘
图 7-10	来源于网络	图 7-36	作者根据 GB 19272—2011《室外健身器材的安全 通用要求》自绘
图 7-11	作者自绘	图 7-37	作者根据 GB 19272—2011《室外健身器材的安全 通用要求》自绘
图 7-12	作者自绘	图 7-38	作者根据 GB 19272—2011《室外健身器材的安全 通用要求》自绘
图 7-13	作者自绘	图 7-39	作者根据 GB 19272—2011《室外健身器材的安全 通用要求》自绘
图 7-14	来源于网络	图 7-40	作者根据 GB 19272—2011《室外健身器材的安全 通用要求》自绘
图 7-15	来源于网络	图 7-41	作者根据 GB 19272—2011《室外健身器材的安全 通用要求》自绘
图 7-16	来源于网络	图 7-42	作者根据 GB 19272—2011《室外健身器材的安全 通用要求》自绘
图 7-17	来源于网络	图 7-43	作者根据 GB 19272—2011《室外健身器材的安全 通用要求》自绘
图 7-18	来源于网络	图 7-44	作者根据 GB 19272—2011《室外健身器材的安全 通用要求》自绘
图 7-19	来源于网络	图 7-45	来源于网络
图 7-20	来源于网络	图 7-46	来源于网络
图 7-21	来源于网络	图 7-47	来源于网络
图 7-22	作者自绘	图 7-48	来源于网络
图 7-23	作者自绘	图 7-49	来源于网络

图片编号	资料来源	图片编号	资料来源
图 7-50	作者自绘	图 8-8	作者根据 GB 28007—2011《儿童家具通用技术条件》自绘
图 7-51	来源于网络	图 8-9	来源于网络
图 7-52	来源于网络	图 8-10	来源于网络
图 7-53	来源于网络	图 8-11	作者根据《室内设计资料集》张绮曼，郑曙旸主编 中国建筑工业出版社 自绘
图 7-54	来源于网络	图 8-12	来源于网络
图 7-55	来源于网络	图 8-13	来源于网络
图 7-56	来源于网络	图 8-14	来源于网络
图 7-57	来源于网络	图 8-15	来源于网络
图 7-58	来源于网络	图 8-16	作者自绘
图 7-59	来源于网络	图 8-17	作者自绘
图 7-60	来源于网络	图 8-18	作者根据《建筑设计资料集》第8分册 中国建筑工业出版社 自绘
图 7-61	来源于网络	图 8-19	作者根据《建筑设计资料集》第8分册 中国建筑工业出版社 自绘
图 7-62	作者自行拍摄	图 8-20	作者根据《建筑设计资料集》第8分册 中国建筑工业出版社 自绘
图 7-63	作者自行拍摄	图 8-21	作者根据《建筑设计资料集》第8分册 中国建筑工业出版社 自绘
图 7-64	作者自行拍摄	图 8-22	作者根据《建筑设计资料集》第8分册 中国建筑工业出版社 自绘
图 7-65	作者自行拍摄	图 8-23	作者根据《建筑设计资料集》第8分册 中国建筑工业出版社 自绘
图 7-66	来源于网络	图 8-24	作者根据《建筑设计资料集》第8分册 中国建筑工业出版社 自绘
图 7-67	来源于网络	图 8-25	作者根据《建筑设计资料集》第8分册 中国建筑工业出版社 自绘
图 8-1	作者根据 GB/T 26158—2010《中国未成年人人体尺寸》自绘	图 8-26	作者根据《建筑设计资料集》第8分册 中国建筑工业出版社 自绘
图 8-2	作者根据 GB/T 26158—2010《中国未成年人人体尺寸》自绘	图 8-27	作者根据 GB 50763—2012《无障碍设计规范》自绘
图 8-3	作者根据 GB 28007—2011《儿童家具通用技术条件》自绘	图 8-28	作者自绘
图 8-4	来源于网络	图 8-29	作者自绘
图 8-5	来源于网络	图 8-30	作者根据 GB 50763—2012《无障碍设计规范》自绘
图 8-6	作者根据 GB 28007—2011《儿童家具通用技术条件》自绘	图 8-31	作者根据 GB 50763—2012《无障碍设计规范》自绘
图 8-7	作者根据 GB 28007—2011《儿童家具通用技术条件》自绘	图 8-32	作者根据 GB 50763—2012《无障碍设计规范》自绘

图片编号	资料来源	图片编号	资料来源
图 8-33	作者根据 GB 50763—2012《无障碍设计规范》自绘	图 8-44	作者自绘
图 8-34	作者根据 GB 50763—2012《无障碍设计规范》自绘	图 8-45	作者自绘
图 8-35	作者根据 GB 50763—2012《无障碍设计规范》自绘	图 8-46	作者自绘
图 8-36	作者根据 GB 50763—2012《无障碍设计规范》自绘	图 8-47	作者根据《室内设计资料集》张绮曼，郑曙旸主编 中国建筑工业出版社 自绘
图 8-37	作者自绘	图 8-48	作者自绘
图 8-38	作者自绘	图 8-49	作者自绘
图 8-39	作者自绘	图 8-50	作者根据 GB 50763—2012《无障碍设计规范》自绘
图 8-40	作者自绘	图 8-51	作者根据 GB 50763—2012《无障碍设计规范》自绘
图 8-41	作者自绘	图 8-52	作者根据 GB 50763—2012《无障碍设计规范》自绘
图 8-42	作者自绘	图 8-53	来源于网络
图 8-43	作者自绘	图 8-54	作者自绘

主要参考文献

[1] 张绮曼，郑曙旸．室内设计资料集 [M]．北京：中国建筑工业出版社，1991．

[2] 《建筑设计资料集》编委会．建筑设计资料集 [M]．北京：中国建筑工业出版社，
     2017．

[3] 刘盛璜．人体工程学与室内设计 [M]．北京：中国建筑工业出版社，1997．

[4] 张月．室内人体工程学 [M]．北京：中国建筑工业出版社，2015．

[5] 程瑞香．室内与家具设计人体工程学 [M]．北京：化学工业出版社，2017．

[6] 刘秉琨．环境人体工程学 [M]．上海：上海人民美术出版社，2014．

[7] 张玉明，周长亮，王洪书，刘昱初，王学义．环境行为与人体工程学 [M]．北京：
     中国电力出版社，2017．

[8] 铃木信弘．住宅格局解剖图鉴 [M]．海南：南海出版公司，2018．

[9] 增田奏．住宅设计解剖书 [M]．海南：南海出版公司，2018．

[10] 松下希和．装修设计解剖书 [M]．海南：南海出版公司，2018．

后　记

　　《环境设计与人体工程学》一书，涉及面较广，知识点较多，是集合家具、室内空间、室外空间、无障碍设计等多方向的关于人体工程学的教材。编写过程困难重重，书中缺点和错误之处，还需要广大读者提出广泛意见，编者将不断完善。

　　在这里要感谢为《环境设计与人休工程学》一书提供帮助的同事、朋友和学生们；感谢黑龙江建筑职业技术学院李宏教授的指点；感谢编写团队的全力以赴，有了大家的共同努力，才能使《环境设计与人体工程学》得以顺利出版。

　　在编写过程中为了向读者更直观地呈现观点和数据，书中选用了一些图片作为举例说明，部分图片借鉴了国家标准、《建筑设计资料集》《住宅设计解剖书》等书籍，再次对书籍的编写者表示感谢。

编者